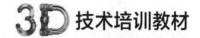
3D 技术培训教材

AutoCAD
机械制图项目教程

◎ 全国3D大赛(全国三维数字化创新设计大赛)组委会 组织编写

◎ 顾国强　主编　　◎ 陆浩刚　副主编

电子工业出版社

Publishing House of Electronics Industry

北京·BEIJING

内 容 简 介

本教材主要从职业院校的实际教学特点出发,使用 AutoCAD 2012 中文版的经典界面,改变以往教材命令手册型的编写方式,采用项目式教学,根据"机械制图"课程的教学体系编排教学内容,由浅入深,通过大量的实例使读者快速掌握 AutoCAD 的常用命令及绘图技巧。

本教材主要适合中职、高职院校机械类及机电类专业的计算机绘图课程的教学,也可供企业进行计算机绘图技术培训及相关工程技术的人员学习参考。

未经许可,不得以任何方式复制或抄袭本书之部分或全部内容。

版权所有,侵权必究。

图书在版编目(CIP)数据

AutoCAD 机械制图项目教程/顾国强主编. —北京:电子工业出版社,2016.8
3D 技术培训教材
ISBN 978-7-121-29109-8

Ⅰ. ①A… Ⅱ. ①顾… Ⅲ. ①机械制图－AutoCAD 软件－职业教育－教材 Ⅳ. ①TH126

中国版本图书馆 CIP 数据核字(2016)第 137551 号

策划编辑:张 榕
责任编辑:苏颖杰
印 刷:三河市君旺印务有限公司
装 订:三河市君旺印务有限公司
出版发行:电子工业出版社
     北京市海淀区万寿路 173 信箱 邮编 100036
开 本:787×1 092 1/16 印张:15.75 字数:402 千字
版 次:2016 年 8 月第 1 版
印 次:2024 年 7 月第 18 次印刷
定 价:39.80 元

凡所购买电子工业出版社图书有缺损问题,请向购买书店调换。若书店售缺,请与本社发行部联系,联系及邮购电话:(010)88254888,88258888。

质量投诉请发邮件至 zlts@phei.com.cn,盗版侵权举报请发邮件至 dbqq@phei.com.cn。

本书咨询联系方式:010-88254455,邮箱:zr@phei.com.cn。

FOREWORD 前言

　　AutoCAD 软件作为目前世界上流行的计算机辅助绘图软件之一，具有强大的绘图及编辑功能，能快速而又精确地绘制任意简单或复杂的工程技术图形，已成为各工程类院校学生必须要掌握的一门专业技能。

　　本教材组织职业院校多年从事计算机绘图教学的一线教师，从职业院校的实际教学特点出发，从学生的实际学习及应用能力出发，结合当前的教学改革，以企业需求为本，以实际应用为目的，以提高学生的就业能力为主线进行编写。

　　AutoCAD 软件作为一种工具是为绘制工程图服务的，我们不仅要熟悉 AutoCAD 的各项相关命令，更要注重 AutoCAD 软件作为计算机辅助绘图工具的实际应用，注重学生在绘制图形过程中的分析问题及解决问题能力的培养，注重绘图技巧的训练。本教材改变以往教材命令手册型的编写方式，采用项目式教学，根据"机械制图"课程的教学体系编排教学内容，由浅入深，有利于职业院校学生计算机绘图能力的提高。

　　本教材从实际教学应用出发，并考虑到目前各学校使用 AutoCAD 的实际情况，使用 AutoCAD 2012 中文版的经典界面，尽量在教材中淡化 AutoCAD 的版本信息，使用 AutoCAD 的通用经典界面来满足不同学校的教学需求，并且在每个项目最后精选了大量的图形练习，供学生练习以巩固提高。

　　本教材由江苏省无锡交通高等职业技术学校的顾国强老师担任主编，编写项目 1、项目 2、项目 3 并负责统稿；江苏省惠山中等专业学校的陆浩刚老师担任副主编，编写项目 4；江苏省无锡交通高等职业技术学校的朱江红老师编写项目 5；无锡技师学院的尤骏老师编写项目 6；江苏省无锡交通高等职业技术学校的蒋克勤老师编写项目 7。由于编者的水平有限且时间仓促，书中难免有不足和遗漏之处，望广大师生提出宝贵意见。在本教材的编写过程中，我们还得到了其他老师的帮助和指导，在此表示感谢。

编者

CONTENTS 目录

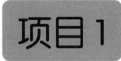

项目 1

AutoCAD 的基本知识

教学目标

1．了解 AutoCAD 的发展历史和主要功能。
2．熟悉 AutoCAD 的工作界面。
3．熟悉 AutoCAD 的基本设置。
4．掌握 AutoCAD 的命令和坐标的输入方式。
5．熟悉 AutoCAD 的基本操作并学习绘制一张样板图。

任务 1.1   AutoCAD 的概况及工作界面

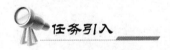

任务引入

根据要求打开 AutoCAD 并了解其工作界面（见图 1-1）。

图 1-1   Auto CAD 2012 的工作界面

 **任务分析**

本任务从了解 AutoCAD 的应用发展和主要功能，从熟悉 AutoCAD 的工作界面出发，学习 AutoCAD 的启动及退出方式，了解 AutoCAD 的学习目标。

 **相关知识**

一、AutoCAD 的发展

AutoCAD 是目前世界上流行的计算机辅助绘图软件之一，它能快速而又精确地绘制任意简单或复杂的图形。AutoCAD 由美国 Autodesk 公司于 1982 年首先推出，先后经历了 1.0、2.6、10.0、12.0、14.0、2000、2004、2008 等几个重要版本，现已发布了最新版 AutoCAD 2016。12.0 以前的版本是基于 DOS 平台的，从 12.0 开始出现基于 Windows 平台的 AutoCAD 软件。Autodesk 公司推出的 12.0 和 13.0 版本不仅可在 DOS 环境下运行，也可以基于 Windows 平台运行，到了 AutoCAD 14.0 版本，则完全脱离了 DOS 平台成为成熟的 Windows 应用软件，不再支持 DOS 和 UNIX 平台。

由于 Autodesk 公司只针对一种操作系统（Windows）进行开发，所以能集中精力开发出用户界面更加友好、功能更加强大的 CAD 应用软件。AutoCAD 完全遵循 Windows 的界面风格，利用 Windows 的 OLE 功能可直接把任何外部程序（如画笔、Excel、Word 等）的文件、图片、表格剪贴到 AutoCAD 中；反之，也可将 AutoCAD 中的图形通过 OLE 输出到其他软件中，这使得 AutoCAD 的功能更为丰富。

更令我们高兴的是，AutoCAD 软件完全支持汉字，一改以前需要外挂字库的做法，只要是 Windows 中的字库它就能支持，这就解决了图纸中的汉字输入问题。同时，AutoCAD 软件跟其他软件一样，高版本兼容低版本，AutoCAD 最新版与以前的低版本完全兼容，继续保持以前的功能和特点，并进一步增强了软件的网络功能、团队协作功能和三维建模功能。

AutoCAD 从 2000 版开始就已经非常成熟，现在各学校在教学中应用最多的就是 2004、2006、2008、2012 等版本。本教材从实际教学应用出发，并考虑到尽量使用较新的 AutoCAD 版本，特选用 AutoCAD 2012 版的经典界面，并尽量在教材中淡化 AutoCAD 的版本信息，使用 AutoCAD 通用的经典界面以满足不同学校的教学需求。

二、AutoCAD 的启动

AutoCAD 是一种 Windows 操作系统下的应用程序，其启动方式与其他 Windows 操作系统下的应用程序相同。

（1）在桌面上选中 AutoCAD 2012 的快捷方式图标，如图 1-2 所示。双击桌面上的快捷方式图标，即可启动 AutoCAD 2012。

图 1-2　AutoCAD 2012 的快捷方式图标

（2）单击"开始"→"AutoCAD 2012"同样可以启动 AutoCAD 2012，进入 AutoCAD2012 的工作界面，如图 1-3 所示。

（3）通过双击已存盘的*. dwg 图形文件，也可以启动 AutoCAD。

图 1-3　AutoCAD 2012 的启动窗口

三、AutoCAD 2012 的界面介绍

在 AutoCAD 2012 的工作界面的右下角单击"切换工作界面"按钮，选择"AutoCAD 经典"，即进入和 AutoCAD 2004 等低版本相似的经典工作界面，如图 1-4 所示。

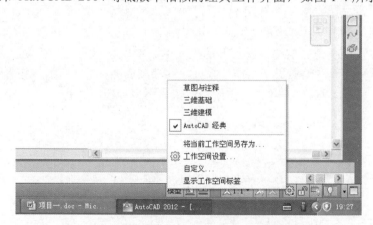

图 1-4　AutoCAD 2012 的经典工作界面

AutoCAD 的工作窗口主要有以下几部分组成。

1. 标题栏

标题栏在 AutoCAD 工作界面的最上端，如图 1-5 所示，主要用来显示当前正在运行的 AutoCAD 2012 的版本信息和当前正在进行编辑操作的图形文件名。标题栏右侧是 Windows 的系统窗口按钮，可以调节 AutoCAD 窗口的大小或退出 AutoCAD 应用程序。

图 1-5　AutoCAD 2012 标题栏

2．下拉式菜单栏

AutoCAD 的菜单栏在标题栏下方，如图 1-6 所示，从"文件（F）"、"编辑（E）"到"帮助（H）"共计 12 个菜单组。AutoCAD 2012 使用的绝大多数命令均可在下拉菜单条中找到，它们按照不同的功能分别放在不同的子菜单中，这样便于运行这些命令。

图 1-6　AutoCAD 2012 下拉式菜单栏

3．工具栏菜单（图标菜单）

工具栏菜单是 AutoCAD 中为提高作图效率而设定的命令快捷按钮，它具有更加直观、简便的特点。工具栏菜单中的命令在下拉菜单中基本都能找到。

工具栏菜单也是按命令的功能不同分成一条一条。如图 1-7 所示为修改工具栏菜单，该工具栏中包括 18 种修改命令。当需要其他功能的工具栏时，可以右击任一工具栏菜单来选择增加其他工具栏，或选择下拉菜单 工具 → 工具栏 → AutoCAD ，如图 1-8 所示。如果想关闭工具栏，可以很方便地单击工具栏上的 区 按钮（见图 1-7）。工具栏菜单可以使用鼠标拖曳安放在任何部位。为尽可能少地影响绘图，打开的工具栏菜单以够用为主，并安放在绘图区两边或顶部。同时工具栏还具有动态提示功能，当鼠标移动到如图 1-7 所示的按钮并等待一段时间，在按钮下方就会出现"删除"，并说明该图标按钮的作用和使用方式。

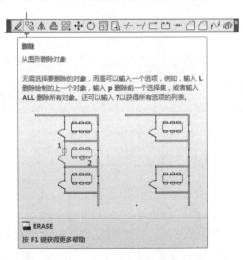

图 1-7　修改工具栏菜单

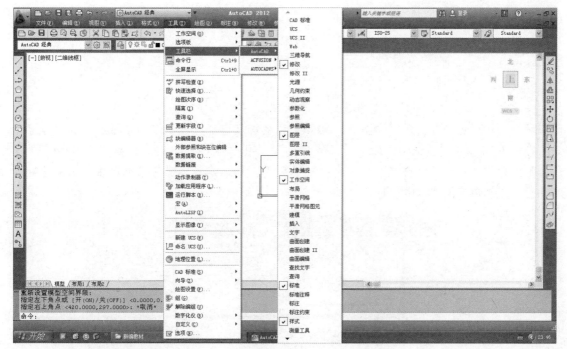

图 1-8　添加工具栏界面

4．命令窗口及状态条

在屏幕底部，是命令窗口及状态条，如图 1-9 所示。AutoCAD 对用户输入信息的回答就显示在这个命令窗口中，它显示三行文字，最下一行是当前信息，上面两行用于重现过去的信息。有时，当前信息过长，上面两行也用于显示当前信息。如图 1-9 所示，命令行中显示"命令"，是表示 AutoCAD 在等待用户输入命令。

状态条在命令窗口的下方，屏幕的最下一行通常用来显示 AutoCAD 光标的坐标位置，还有 14 个按钮，分别显示 AutoCAD 的"推断约束"、"捕捉模式"、"栅格显示"、"正交模式"、"极轴追踪"、"对象捕捉"、"三维对象捕捉"、"对象捕捉追踪"、"允许/禁止动态 UCS"、"动态输入"、"显示/隐藏线宽"、"显示/隐藏透明度"、"快捷特性"以及"选择循环"等功能。这些功能将在以后的使用中讲述。用户可将鼠标移到这 14 个按钮上单击，来打开或关闭这些按钮。大家不妨动手试一试。在命令窗口上方显示的是 AutoCAD 的图纸空间和模型空间等状态，默认是在模型空间，用户可以单击布局进行设置，进入 AutoCAD 的图纸空间。

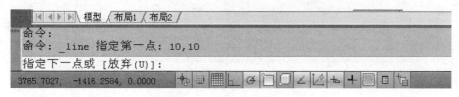

图 1-9　命令窗口及状态条

5．绘图区

在 AutoCAD 界面中间最大的一块区域就是绘图区，它是用户进行绘图和编辑的工作区域，所有的图形都在该区域显示，该区域越大越好。

四、AutoCAD 的退出及存盘

1．AutoCAD 的退出

在 AutoCAD 界面单击关闭按钮×即可，或选择下拉菜单 文件 → 退出 ，都可退出 AutoCAD 工作环境。如果还未存盘自己的操作，AutoCAD 会提示进行存盘操作，界面如图 1-10 所示。

在图 1-10 所示对话框中，如单击"是（Y）"按钮，则又会出现如图 1-11 所示的对话框，用于输入存盘时保存的文件名；如单击"否（N）"按钮，则退出操作时不存盘；如果想取消本次操作，则可单击"取消"按钮。

图 1-10　退出对话框

当然，一般在退出以前，都应将绘制的内容进行存盘。选择下拉菜单 文件 → 保存 ，即出现图 1-11 所示对话框，如果以前已存盘，但想另取文件名进行存盘，则选择下拉菜单 文件 → 另存为 ，同样如图 1-11 所示对话框。

图 1-11　文件存盘对话框

2．AutoCAD 的存盘

与使用其他 Windows 应用程序一样，保存图形文件是为了便于日后使用。AutoCAD 还提供自动保存、备份文件和其他保存选项。

绘制图形时应该经常保存文件。保存操作可以在出现电源故障或发生其他意外事件时防止图形及其数据丢失。如果要创建图形的新版本而不影响原图形，可以使用一个新名称保存它。

AutoCAD 图形文件的扩展名是 .dwg，除非更改保存图形使用的默认文件格式，否则图形将以 AutoCAD 2012 图形文件格式保存。此格式适用于文件压缩和在网络上使用。

（1）自动保存图形。如果启用了"自动保存"选项，AutoCAD 将以指定的时间间隔保存图形。默认情况下，系统为自动保存的文件临时指定名称为"filename_a_b_nnnn.sv$。"其中，"filename"为当前图形名；a 是在同一 AutoCAD 任务中打开同一图形实例的次数；b 是在不同 AutoCAD 任务中打开同一图形实例的次数；nnnn 是 AutoCAD 随机生成的数字。

AutoCAD 以常规方式关闭图形时，会删除自动保存的文件。在计算机崩溃或出现电源故障时，自动保存的文件依然存在。要从自动保存的文件恢复图形的早期版本，应使用扩展名.dwg重命名文件。

（2）使用备份文件。如果打开自动备份，AutoCAD 会将图形文件的早期版本保存为名称相同、扩展名为 .bak 的文件。要从备份文件恢复图形的早期版本，应使用扩展名.dwg重命名文件。

（3）保存图形文件的一部分。如果要从现有图形的局部创建新图形文件，可以使用 BLOCK 或 WBLOCK 命令。使用这两个命令之一，可以在当前图形中选择对象或指定块定义并将它们保存到新图形文件中，还可以将说明随新图形一起保存。

（4）保存为不同类型的图形文件。可以将图形保存为 DWG 或 DXF 格式的早期版本或保存为样板文件。可从"图形另存为"对话框的"文件类型"中选择格式。

（5）缩短保存图形文件所需的时间。如果指定了增量保存而不是完全保存，则可以缩短保存图形文件所需的时间。增量保存只更新保存的图形文件中已更改的部分。

使用增量保存时，图形文件将包含可能浪费的空间的百分比。此百分比将在每次增量保存后增加，直到达到指定的最大值，此时将执行完全保存。可以在"选项"对话框的"打开"和"保存"选项卡中，或通过设置系统变量 ISAVEPERCENT 的值来设置增量保存百分比。如果将 ISAVEPERCENT 的值设置为 0，则所有保存均为完全保存。

要减小图形文件的大小，建议在传递或存档图形之前执行完全保存（将 IPERCENTSAVE 设置为 0）。

 任务实施

步骤一 在桌面上选中 AutoCAD 2012 的快捷方式图标，如图 1-2 所示，双击桌面上的快捷方式图标。

步骤二 在 AutoCAD 2012 的工作界面的右下角单击"切换工作界面"按钮，选择"AutoCAD 经典"，即进入和 AutoCAD 2004 等低版本相同的工作界面，如图 1-12 所示。

图 1-12　AutoCAD 2012 的工作界面

任务 1.2　AutoCAD 的命令及坐标输入方式

根据要求用 AutoCAD 绘制如图 1-13 所示的图形。

图 1-13　用 AutoCAD 绘制图形

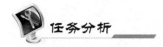 任务分析

在学习 AutoCAD 的软件中，首先要熟悉掌握命令及坐标输入方式。AutoCAD 采用命令方式进行各项操作，命令是 AutoCAD 绘制及编辑图形的核心，而 AutoCAD 是通过坐标来精确表达点的位置。

 相关知识

一、命令的输入方式

AutoCAD 有 250 多条命令，如果这些命令都需要通过键盘输入，那么把这些命令全部记住并应用自如是很困难的。好在 AutoCAD 的命令可以通过菜单、工具栏中的图标、热键来输入，使我们无须去记清每条命令。通过菜单输入时，选择菜单中相应的项，按照 Command 的提示完成相应的功能。几乎所有的菜单选项旁都列出了激活命令的热键。AutoCAD 还拥有大量的图标，通过单击图标可以直观而快捷地完成同样的功能。因此，即使对 AutoCAD 不太熟悉的用户，也可很快地掌握一些简单功能。

AutoCAD 的命令方式为"命令名称"→"数据"→"数据"→…→"结束命令"。

例如绘制直线，通常可采用如下四种命令输入方式。

1. 命令格式

❖单击"绘图"工具栏的 ╱ 按钮。

❖单击下拉菜单 绘图 → 直线。

⌨键盘输入命令"Line"。

⌨键盘快捷方式"L"。

2. 命令说明

指定第一点：输入第一点（直线起点）坐标。

指定下一点或【放弃（U）】：输入下一点（直线终点）坐标。

指定下一点或【放弃（U）】：输入下一点（直线终点）坐标，输入"U"可以放弃刚才绘制的直线段

…

指定下一点或【闭合（C）/ 放弃（U）】：输入"C"可以封闭所绘制的图形，按回车键"Enter"可退出命令。

提示：在 AutoCAD 中用选择下拉菜单项及工具栏菜单来执行命令比较容易理解和掌握，本书主要以下拉菜单输入命令方式和图标菜单输入方式为主，但若要提高绘图速度，则常常采用输入快捷命令，做到左右手同时使用，鼠标、键盘一起输入。回车键"Enter"在以后的应用中统一标注为"✓"。

3. 快捷键

AutoCAD 是一个基于 Windows 系统的应用程序，一些 Windows 系统常用的快捷键仍然可

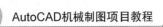

以使用，同时它还定义了一些自己的快捷键和功能键。表 1-1 列出了 AutoCAD 部分命令的快捷方式。

提示：在 AutoCAD 的各种功能键中，最常用的有空格键、"Esc"键和"U"键。

表 1-1　AutoCAD 部分命令的快捷方式

快 捷 方 式	命　　令	快 捷 方 式	命　　令
PO	point（点）	E	erase（删除）
L	line（直线）	X	explode（分解）
XL	xline（射线）	TR	trim（修剪）
PL	pline（多义线）	EX	extend（延伸）
ML	mline（多线）	S	stretch（拉伸）
SPL	spline（样条曲线）	LEN	lengthen（拉长）
POL	polygon（正多边形）	SC	scale（缩放）
REC	rectangle（矩形）	T	mtext（多行文本）
C	circle（圆）	B	block（定义块）
A	arc（圆弧）	I	insert（插入块）
DO	donut（圆环）	W	wblock（定义块文件）
EL	ellipse（椭圆）	DIV	divide（等分）
REG	region（面域）	H	bhatch（填充）
CO	copy（复制）	CHA	chamfer（倒直角）
MI	mirror（镜像）	F	fillet（倒圆角）
AR	array（阵列）	PE	pedit（多义线编辑）
O	offset（偏移）	ED	ddedit（修改文本）
RO	rotate（旋转）	BR	break（打断）
M	move（移动）		

AutoCAD 的快捷键包括 F1～F10 键和 Ctrl 组合键，其功能如下。

F1：帮助键，按 F1 键弹出帮助对话框。

F2：文本命令窗口，里面保留了命令的轨迹，也可以通过文本窗口来作图，其功能与命令窗口相同。从文本命令窗口返回绘图框只要再按一次 F2 键。

F3：实体捕捉命令开关。

F6：绘图坐标显示开关。

F7：作图网格显示开关。

F8：正交模式切换开关。

ESC：废除当前正在执行的命令或操作

Enter：重复执行上一次命令。

Ctrl+Z：撤消最近一次的操作。

Ctrl+Y：重复上一次的操作。

二、坐标的输入方式

AutoCAD 是通过坐标来精确表达点的位置的，在命令提示输入点时，可以使用定点设备指定点，也可以在命令行中输入坐标值。可以按照笛卡儿（直角）坐标（X,Y）或极坐标输入二维坐标。在 AutoCAD 中，有两种坐标系：一个称为世界坐标系（WCS）的固定坐标系和一个称为用户坐标系（UCS）的可移动坐标系。在 WCS 中，X 轴是水平的，Y 轴是垂直的，Z 轴垂直于 XY 平面。原点是图形左下角 X 轴和 Y 轴的交点（0,0）。可以依据 WCS 定义 UCS。实际上，所有的坐标输入都使用当前 UCS。移动 UCS 可以使处理图形的特定部分变得更加容易。旋转 UCS 可以帮助用户在三维或旋转视图中指定点。"捕捉"、"栅格"和"正交"模式都将旋转以适应新的 UCS。

1．可以使用以下任意方法重定位用户坐标系

（1）通过定义新的原点移动 UCS。

（2）使 UCS 与现有对象和当前观察方向对齐。

（3）绕当前 UCS 的任意轴旋转当前 UCS。

（4）恢复保存的 UCS。

定义 UCS 后，可以为其命名并在需要再次使用时将其恢复。UCS 命令的"上一个"选项可以按顺序最多恢复当前任务中以前使用过的 10 个坐标系。当不再需要某个命名的 UCS 时，可以将其删除。还可以恢复 UCS 以便与 WCS 重合。

2．笛卡儿（直角）坐标和极坐标

笛卡儿（直角）坐标系有三个轴，即 X、Y 和 Z 轴。输入坐标值时，需要指示沿 X、Y 和 Z 轴相对于坐标系原点（0,0,0）的距离（以单位表示）及其方向（正或负）。

在二维坐标系中，在 XY 平面（也称构造平面）上指定点。构造平面与平铺的网格纸相似。直角坐标的 X 值指定水平距离，Y 值指定垂直距离，原点（0,0）表示两轴相交的位置。

极坐标使用距离和角度定位点。使用直角坐标和极坐标，均可以基于原点（0,0）输入绝对坐标，或基于上一指定点输入相对坐标。

输入相对坐标的另一种方法是，通过移动光标指定方向，然后直接输入距离。此方法称为直接距离输入。

在 AutoCAD 中，可以使用科学、小数、工程、建筑或分数格式输入坐标，可以使用百分度、弧度、勘测单位或度/分/秒输入角度。在"单位控制"对话框中指定该样式。

要使用坐标值指定点，输入用逗号隔开的 X 值和 Y 值（X,Y）。X 值是沿水平轴以单位表示的正的或负的距离。Y 值是沿垂直轴以单位表示的正的或负的距离。

绝对坐标值基于原点（0,0），原点是 X 轴和 Y 轴的交点。已知点坐标的精确的 X 和 Y 值时，使用绝对坐标。例如，坐标（2,5）指定一点，此点在 X 轴方向距离原点 2 个单位，在 Y 轴方向距离原点 5 个单位。

相对坐标值是基于上一输入点的。如果知道某点与前一点的位置关系，可以使用相对坐标。要指定相对坐标，需在坐标前面添加一个"@"符号。例如，坐标"@2,5"指定的点在 X 轴方向上距离上一指定点 2 个单位，在 Y 轴方向上距离上一指定点 5 个单位。

例如，要绘制一条起点 X 值为–2、Y 值为 1、端点为（3,4）的直线，请在命令行中输入：

命令：line

起点：-2,1

下一点：3,4

要输入极坐标，需输入距离和角度，并使用尖括号"<"隔开。例如，要指定相对于前一点距离为 1 个单位，角度为 45° 的点，应输入"@1<45"。

默认情况下，角度按逆时针方向增大，按顺时针方向减小。要按顺时针方向移动，需输入负的角度值。例如，输入"1<315"与输入"1<-45"效果相同。可以使用 UNITS 命令改变当前图形的角度约定。

极坐标可以是绝对的（从原点测量），但在实际使用中，绝大多数是使用相对于上一点，需要在坐标前面添加一个"@"符号。

3. 坐标输入的几种格式

（1）绝对直角坐标：X,Y。

（2）相对直角坐标：@ΔX, ΔY。

（3）绝对极坐标：L<α。

（4）相对极坐标：@L<α。

 任务实施

步骤一

命令：   L↙

步骤二

LINE 指定第一点：   10,10↙

步骤三

指定下一点或［放弃（U）］：   410,10↙

步骤四

指定下一点或［放弃（U）］：   @0,277↙

步骤五

指定下一点或［闭合（C）/放弃（U）］：   @400<180↙

步骤六

指定下一点或［闭合（C）/放弃（U）］：   C↙

任务 1.3　AutoCAD 样板图

 **任务引入**

根据要求在 AutoCAD 中制作一张样板图，如图 1-14 所示，A3 横放，图框、标题栏等要符合国家标准，并设置绘图环境、图形单位、图层及线型等方便以后调用。

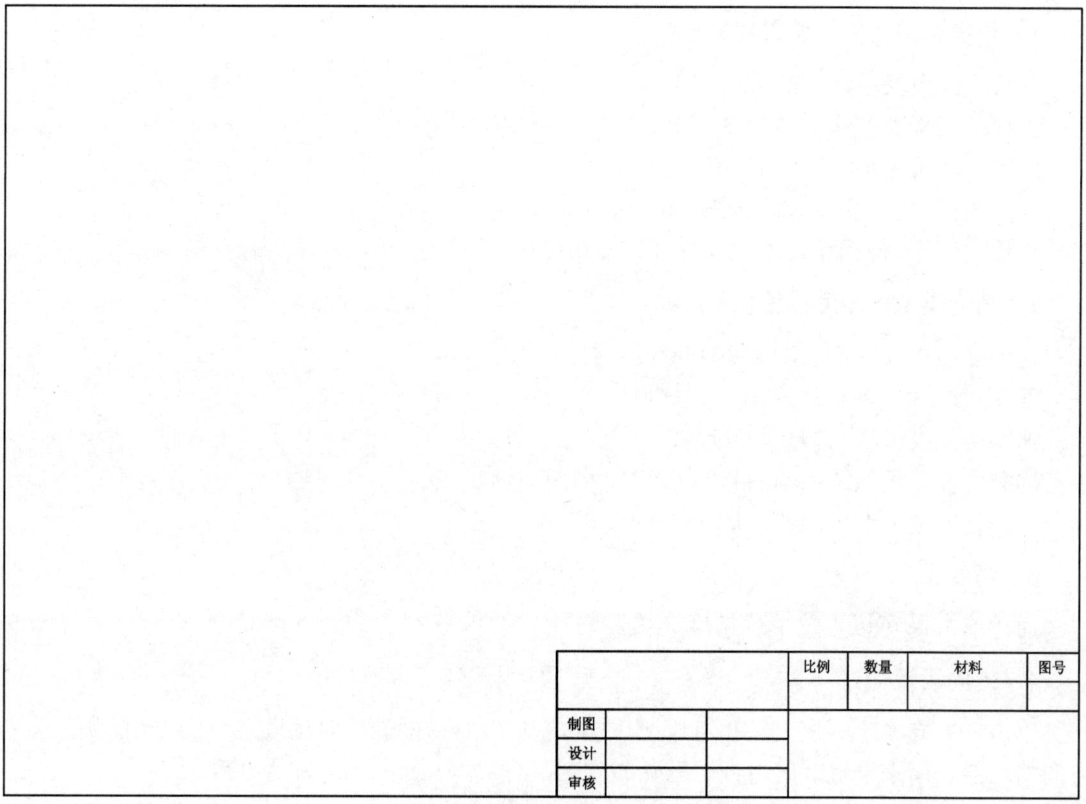

			比例	数量	材料		图号
制图							
设计							
审核							

图 1-14　AutoCAD 样板图

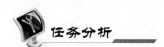

任务分析

当用户准备绘制一幅正式图样时，和手工绘图的某些部分一样，必须设定采用的单位、图纸大小、比例等。AutoCAD 还提供了一些特殊的工具，如可以利用图层更加方便地管理图纸上的图形元素，设置栅格、捕捉，更加精确地拾取元素等。在绘图之前必须对绘图环境进行设置。

相关知识

一、绘图单位设置

AutoCAD 是一种适用于世界各地、各行各业绘图领域的软件，因此，它对长度单位、角度单位及单位变换提供了多种选择。每次绘图以前，可以根据需要设置绘图尺寸单位（如米、毫米、英寸等）、绘图尺寸精度等。

选择下拉菜单 格式 → 单位，则出现如图 1-15（a）所示"图形"单位对话框。

对话框的内容如下：

1．长度类型（单位设置栏）

分数：分数表示法，如 1/3、2 1/3。

工程：工程表示法，如 2'-32.50"。

建筑：建筑表示法，如 2'-30/2"。

科学：科学表示法，如 1.36E+08、0.45E-5。

小数：十进制表示法，如 1.23、12.3、0.123。

2．角度类型（角度设置栏）

百分度：百分度量法，如 30.0000g。

度/分/秒：度/分/秒法，如 30°0'00"。

弧度：弧度量法，如 0.1234r。

勘测单位：测量法，如 N4520'00"E。

十进制度数：十进制法，如 45.0000。

3．精度设置

通过单击▼可以设置单位精度。

4．方向设置框

单击"方向（D）…"按钮会出现"方向控制"对话框，该对话框是 AutoCAD 用来表示方向的功能，用来设置 0 度方向。默认设置值是向右（East）的方向为 0 度。

（a）　　　　　　　　　　　　　　　　　（b）

图 1-15　单位设置对话框

二、绘图范围设置（Drawing Limits）

每张图纸都具有固定的边界，而对于计算机绘图"图纸"，边界必须在绘图前进行设置，选择下拉菜单格式→图形界限就可以进行绘图范围设置。

【示例】　设置一张大小为 A4（297×210）幅面的图纸。

选择下拉菜单格式→图形界限，则命令窗出现如下提示。

命令：'_limits

重新设置模型空间界限：

指定左下角点或 [开(ON)/关(OFF)] <0.0000,0.0000>: 0,0 左下角坐标值（默认为0,0）

指定右上角点 <420.0000,297.0000>: 297,210　　右上角坐标值

说明：Limits 有以下三个选项。

◆ 开（ON）：打开极限检查，拒绝接受超出"图纸"极限的输入点或图元。

◆ 关（OFF）：关闭极限检查，超出边界可以画出。

◆ <0.0000,0.0000>：左下角坐标值。

提示：选项带尖括号，如<0.0000,0.0000>，为计算机默认选项值。

提示：虽然用 Limits 命令设置了绘图边界，但是我们无法看到绘图边界。为便于绘图方便，可以通过设置绘图网格来解决。

提示：Limits 命令不改变屏幕上显示的大小，它只是改变输入图形元素坐标值的范围，而当前屏幕的坐标值为（12，9）。所以，在用 Limits 命令设置了绘图范围后必须选择下拉菜单图口/缩放/全部，将窗口大到整个屏幕。

三、绘图设置

选择下拉菜单 工具 → 草图设置 ，如图 1-16 所示。

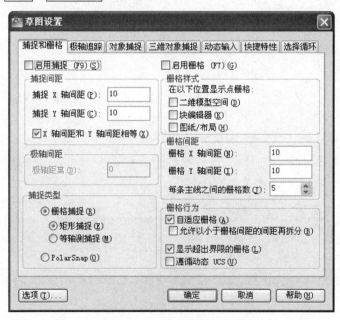

图 1-16　"草图设置"对话框

1. 网格

由一组具有一定间距的点组成方框，就如同方格纸，每格之间的间距可以由用户自己根据具体要求进行设定。如图 1-16 可以设置为"10"，同时在启用栅格前选中复选框。然后单击"确定"按钮，则屏幕上出现如图 1-17 所示窗口。

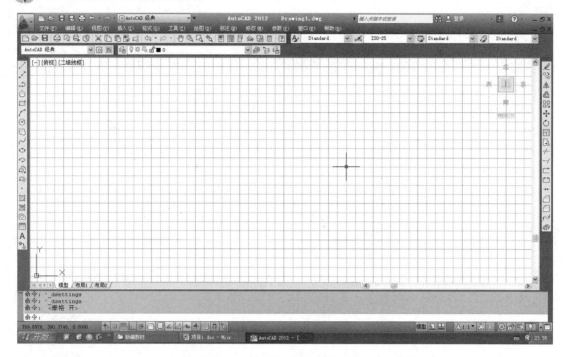

图 1-17　打开网格显示的图形窗口

在绘图过程中，我们可以通过网格进行辅助定位，从而提高绘图速度和定位精度。网格不是图形的一部分，只是起视觉参考作用，不会随图形输出。

2．捕捉

"捕捉"是与网格配合使用的一种工具，它可以使十字光标以设定的数值进行移动，如图 1-16 所示，设置 X 轴与 Y 轴方向的捕捉距离都为 10mm，然后单击启用"捕捉"复选框，再单击"确定"按钮，则当前的光标移动受捕捉方式控制。

技巧：网格可以通过按 Ctrl+G 或 F7 键来打开或关闭网格的显示，也可以双击状态行"栅格框"如图 1-18 所示，来打开或关闭网格。

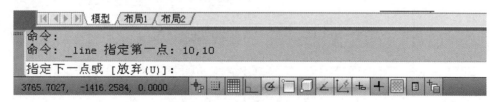

图 1-18　双击栅格框显示网格

技巧：捕捉可以通过按 Ctrl+B 或 F9 键来打开或关闭捕捉的显示，也可以双击状态行"捕捉框"来打开或关闭捕捉。

3．极轴追踪

极轴追踪可在图 1-19 所示的"草图设置"对话框中进行设置。

图 1-19　极轴追踪

"启用极轴追踪"复选框可以开启或关闭极轴追踪功能

技巧："极轴角设置"选项组中，可以选择"增量角"下拉列表中的角度变化增量值，一般选择角度增量值为 15°，则光标在移动到接近 15°、30°、45°、60°、75°、90° 等 15° 的倍数方向时，极轴就会自动追踪。勾选"附加角"复选框，单击"新建（N）"按钮，可以增加极轴角度变化的增量值，最多可以添加 10 个附加极轴追踪对齐角度。单击"删除"按钮，可以删除选定的附加角度。

"对象捕捉追踪设置"选项组中，"仅正交追踪"单选按钮用于设置在追踪参考点处显示水平或垂直的追踪路径；"用所有极轴角设置追踪"单选按钮用于在追踪参考点处沿极轴角度所设置的方向显示追踪路径。

"极轴角测量"选项组中，"绝对"单选按钮用于设置根据当前用户坐标系（UCS）确定极轴追踪角度；"相对上一段"单选按钮用于设置根据上一个绘制线段确定极轴追踪角度。

4．对象捕捉

对象捕捉是 AutoCAD 中一个非常有用的工具，它为用户提供了快速、精确定位在对象的特定几何特征点上的能力，提高了绘图效率。

根据对象捕捉模式不同，可以分为工具栏对象捕捉模式和对话框对象捕捉模式两类。

1）工具栏对象捕捉模式

右击任意工具栏图标，在弹出的快捷菜单中选择"对象捕捉"，即可弹出"对象捕捉"工具栏，如图 1-20 所示。

图 1-20　"对象捕捉"工具栏

对象捕捉工具栏中各按钮的名称及作用如下。

"临时追踪点"按钮🔜：设置临时追踪点，创建一个对象捕捉时需用的临时点。

"捕捉自"按钮🔗：选择一点，再以所选的点为基准点，输入对此点的相对坐标值来确定点的捕捉。

"捕捉到端点"按钮🖊：捕捉到圆弧、椭圆弧、直线、多行、多段线线段、样条曲线、面域或射线最近的端点，或捕捉宽线、实体或三维面域的最近角点。光标显示为"□"。

"捕捉到中点"按钮🖊：捕捉到圆弧、椭圆、椭圆弧、直线、多行、多段线线段、面域、实体、样条曲线或参照线的中点。光标显示为"△"。

"捕捉到交点"按钮✕：捕捉到圆弧、圆、椭圆、椭圆弧、直线、多行、多段线、射线、面域、样条曲线或参照线的交点。光标显示为"✕"。

"捕捉到外观交点"按钮✕：捕捉不在同一平面但在当前视图中看起来可能相交的两个对象的视觉交点。在二维作图时，与"捕捉到交点"按钮✕功能相同。光标显示为"⊠"。

"捕捉到延长线"按钮┅：当光标经过对象的端点时，显示临时延长线或圆弧，以便用户在延长线或圆弧上指定点。光标显示为"┅"。

"捕捉到圆心"按钮◎：捕捉到圆弧、圆、椭圆或椭圆弧的圆心位置。光标显示为"○"。

"捕捉到象限点"按钮◈：捕捉到圆弧、圆、椭圆或椭圆弧的象限位置点。光标显示为"◇"。

"捕捉到切点"按钮◎：捕捉到圆弧、圆、椭圆、椭圆弧或样条曲线的切点。光标显示为"♉"。

"捕捉到垂足"按钮⊥：捕捉圆弧、圆、椭圆、椭圆弧、直线、多线、多段线、射线、面域、实体、样条曲线或构造线的垂足。光标显示为"ㄥ"。

"捕捉到平行线"按钮∥：将直线段、多段线线段、射线或构造线限制为与其他线性对象平行。光标显示为"∥"。

"捕捉到插入点"按钮⧉：捕捉到属性、块、形或文字的插入点。光标显示为"🡇"。

"捕捉到节点"按钮○：捕捉到点对象、标注定义点或标注文字原点。光标显示为"⊗"。

"捕捉到最近点"按钮🖊：捕捉到圆弧、圆、椭圆、椭圆弧、直线、多行、点、多段线、射线、样条曲线或参照线的最近点。光标显示为"⊠"。

"无捕捉"按钮▦：禁止对当前选择执行对象捕捉。

"对象捕捉设置"按钮🕮：单击此按钮，弹出"草图设置"对话框，用户可以在对话框内进行各种设置。

2）对话框对象捕捉模式

使用对象捕捉对话框，可在图 1-21 所示的草图设置对话框中进行设置。可以在对象上的精确位置指定捕捉点。选择多个选项后，将应用选定的捕捉模式，以返回距离靶框中心最近的点。按 TAB 键可在这些选项之间循环。

"启用对象捕捉"复选框可以打开或关闭执行对象捕捉。当对象捕捉打开时，在"对象捕捉模式"下选定的对象捕捉处于活动状态。

"启用对象捕捉追踪"复选框可以打开或关闭对象捕捉追踪。使用对象捕捉追踪后，在命令中指定点时，光标可以沿基于其他对象捕捉点的对齐路径进行追踪。要使用对象捕捉追踪，必须打开一个或多个对象捕捉。

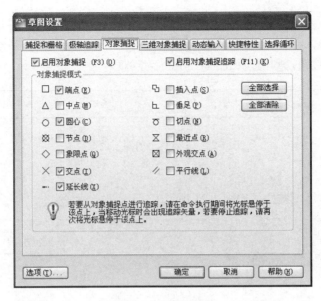

图 1-21　对象捕捉

技巧：在工具栏对象捕捉模式中，每单击一次对象捕捉按钮，只能进行一次捕捉，用后捕捉模式即失效；在对话框对象捕捉模式中，一旦勾选"对象捕捉模式"选项组中的复选框即永久有效。但工具栏对象捕捉模式优先于对话框对象捕捉模式，即在用户操作过程中，先执行工具栏对象捕捉模式，所以这两种对象捕捉模式在使用中可以相互补充。一般在使用捕捉时，打开部分常用的对话框对象捕捉模式，其他可以采用工具栏对象捕捉模式，这样既方便又快捷。

四、设置图层

一张图样包含了图框、标题栏、视图、尺寸标注、形位公差、剖面线、中心线等众多信息，我们可以把不同的信息分别绘制在不同的透明纸上，重叠起来，形成一张完整的图样，而 AutoCAD 的图层就相当于这一张张透明纸。同时，每个图层上可以设定不同的颜色及线型。对每层画什么内容，采用什么线型和颜色，GB/T14665—2012《机械工程 CAD 制图规则》有具体规定，见表 1-2。

表 1-2　AutoCAD 图层设置规定

层　　名	颜　　色	线　　型	线宽/mm	内　　容
01	白（White）	实线（Continuous）	0.5 或 0.7	可见轮廓线
02	绿（Green）	实线（Continuous）	0.25	辅助线、细实线等
04	黄（Yellow）	虚线（Hidden）	0.25	不可见轮廓线
05	红（Red）	点画线（Center）	0.25	中心线、轴线等
07	粉红（Magenta）	双点画线（Divide）	0.25	假想线
08	绿（Green）	实线（Continuous）	0.25	尺寸标注
10	绿（Green）	实线（Continuous）	0.25	剖面线
11	绿（Green）	实线（Continuous）	0.25	文字、符号
12	绿（Green）	实线（Continuous）	0.25	公差标注

在每次开始绘图以前，必须预先设置好图层、线型、颜色（注：0 层是一个特殊的图层，一般不用来绘制图形）。单击下拉菜单 格式 → 图层 或单击图层工具栏（如图 1-22 所示）中的"图层特性管理器"按钮，则出现如图 1-23 所示对话框。

图 1-22　工具栏上的图层设置

1．图层属性

任何图层都具有以下属性（如图 1-23 所示）。

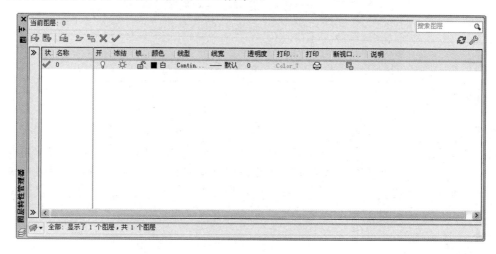

图 1-23　图层对话框

1）图层名（Layer Name）

一般在建立新图层后应赋予一个特定含义的名字。

2）打开和关闭层（Visibility）

单击♀图标，使其变成暗色，图层即被关闭，则图层上的实体不可见。不可见的实体仍在文件内，只不过不显示，若在不可见的图层上绘制图形，则该图形不显示。再双击♀图标，则该图层可见。

3）冻结/解冻层（Thaw/Freeze State）

单击☼图标，使其变成暗色，图层即被冻结。如果层被冻结后，该层变为不可见，同时既不能修改，也不能绘图。而冻结层的主要目的是防止图形重新生成以提高显示速度。再双击☼图标，则图层解冻。

4）锁定/解锁（Lock/Unlock State）

单击🔓图标，图标变成🔒，图层就被锁定。锁定后的图层上的实体可以看到，也可以进行绘制，但不能进行编辑。

5）颜色（Color）

可以通过设置各层的颜色，来分辨出不同层上的实体。

6）线型（Linetype）

AutoCAD 提供了很多种线型，同一图层上只能设置成一种线型；不同的图层上可以设置不同的线型，也可以使用相同的线型。

2．设置新图层

设置新图层包括以下几个步骤。

1）建立新图层及命名

单击图层对话框上的 按钮（如图 1-24 所示），将在图框中"0"层下增加一个"图层1"图层，用户可以修改图层名或沿用"图层 1"为图层名。一幅图样上的层数不限，每层上的实体数也不受任何限制。

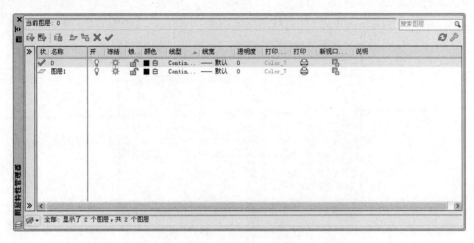

图 1-24　建立新图层

2）设置新图层的颜色

单击■白图标，即弹出如图 1-25 所示对话框，用户可根据需要来选择合适的颜色。

图 1-25　"选择颜色"对话框

3）设置新图层的线型

单击 Contin...图标，即弹出如图 1-26 所示对话框。

图1-26 "选择线型"对话框

用户在选择线型前，先要加载线型，具体操作是，单击"选择线型"对话框下方的"加载（L）…"按钮，弹出如图1-27所示对话框，根据需要来选择加载合适的线型。

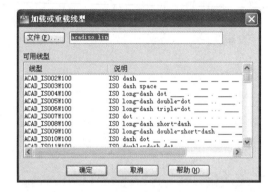

图1-27 "加载或重载线型"对话框

4）设置新图层的线宽

单击—— 默认 图标，即弹出如图1-28所示对话框，用户可根据需要，单击选择合适的线宽。

在AutoCAD图形中，A0、A1图纸的粗实线、粗点画线优先推荐使用0.7，细实线、波浪线、双折线、虚线、细点画线、双点画线优先推荐使用0.25，而A2、A3、A4图纸的粗实线、粗点画线优先推荐使用0.5，细实线、波浪线、双折线、虚线、细点画线、双点画线优先推荐使用0.25。

图1-28 "线宽"对话框

五、设置线型比例

AutoCAD 的线型比例参数的默认值是 1。线型是以英寸为单位设计的。如果点画线每短画之间的长度为 0.25，虚线的空隙为 0.125，这样小的空隙太小，以毫米为单位根本分辨不清，所以要更改线型比例的数值。

选择下拉菜单 格式→线型（N）...就可以进行线型设置，出现如图 1-29 所示"线型管理器"对话框，单击线对话框中的"显示细节（D）"按钮，即弹出如图 1-30 所示对话框，用户可根据需要来设置合适的比例因子。

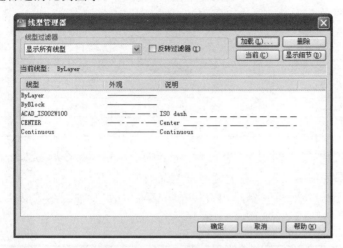

图 1-29　"线型管理器"对话框

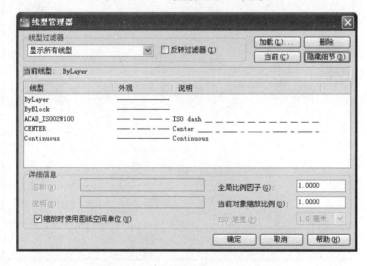

图 1-30　用线型管理器设置比例因子

 任务实施

步骤一

（1）绘图单位设置，默认。

（2）绘图范围设置，默认。

（3）绘图设置，选择下拉菜单工具→草图设置，关闭网格及捕捉，打开极轴追踪和对象捕捉，对象捕捉使用默认设置。

步骤二 设置图层。新建 8 个图层，分别设置颜色和线型，具体见表 1-3。

表 1-3　AutoCAD 的样板图图层设置表

层　　名	颜　　色	线　　型	线　　宽	内　　容
图层 1	白（White）	实线（Continuous）	0.5	可见轮廓线
图层 2	绿（Green）	实线（Continuous）	0.25	辅助线、细实线等
图层 3	黄（Yellow）	虚线（Hidden2）	0.25	不可见轮廓线
图层 4	红（Red）	点画线（Center2）	0.25	中心线、轴线等
图层 5	绿（Green))	实线（Continuous）	0.25	尺寸标注
图层 6	绿（Green）	实线（Continuous）	0.25	剖面线
图层 7	绿（Green）	实线（Continuous）	0.25	文字、符号
图层 8	粉红（Magenta）	双点画线（Divide）	0.25	假想线

步骤三 绘制边框线。将图层 1 设置为当前图层，用直线命令 ✎ 绘制一个矩形，如图 1-31 所示，左下角坐标为（10，10），右上角坐标为（410，287）。

步骤四 绘制标题栏外框。继续用直线命令 ✎ 在 1 层绘制，在图形的右下方绘制一个矩形，矩形长为 130，宽为 35，如图 1-31 所示。

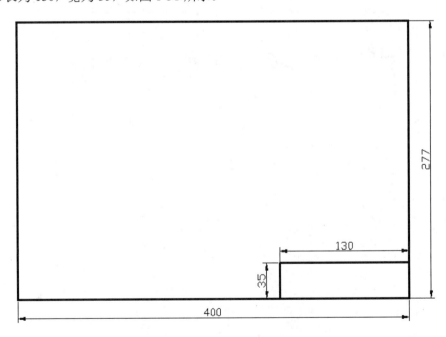

图 1-31　绘制边框线和标题栏外框

步骤五 绘制标题栏。将图层 2 设置为当前图层，用直线命令 ✎ 绘制标题栏内各线条，具体尺寸如图 1-32 所示。

图 1-32　绘制标题栏

步骤六　书写标题栏内的文字：将图层 7 设置为当前图层，用多行文字命令 **A** 输入文字，具体文字如图 1-31 所示。

步骤七　选择下拉菜单 文件 → 保存 ，即弹出如图 1-33 所示"图形另存为"对话框，在"文件类型"中选择"AutoCAD 图形样板（*.dwt）"，文件名为"A3 样板图.dwt"，单击"保存"按钮，即完成如图 1-13 所示的 A3 样板图的制作。

图 1-33　"图形另存为"对话框

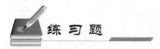练 习 题

1．在 AutoCAD 中用坐标输入法绘制如图 1-34 所示的图形。

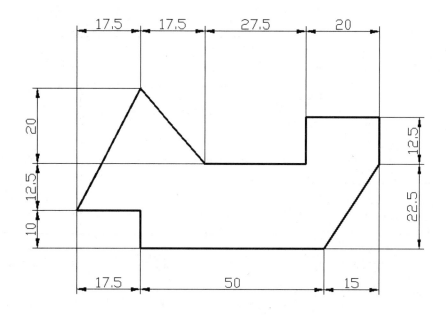

图1-34 练习1

2．在 AutoCAD 中用坐标输入法绘制如图 1-35 所示的图形。

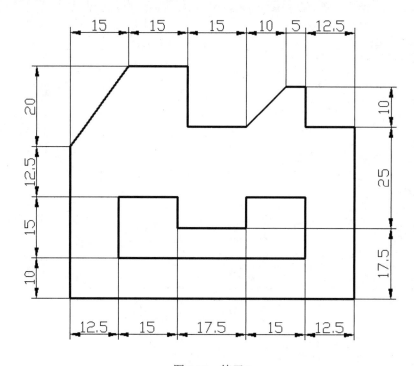

图1-35 练习2

3．根据要求在 AutoCAD 中制作一张样板图，A4 横放，图框、标题栏等要符合国家标准，并设置绘图环境、图形单位、图层及线型等，以方便以后调用。

项目 2

平面图形的绘制

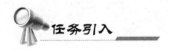

教学目标

1. 初步掌握 AutoCAD 的绘图类命令的使用。
2. 初步掌握 AutoCAD 的编辑类命令的使用。
3. 学习用 AutoCAD 的命令绘制几何图形的方法和技巧。
4. 熟悉 AutoCAD 的绘图辅助工具的使用。

任务 2.1　简单平面图形的绘制

任务引入

根据要求在 AutoCAD 中绘制如图 2-1 所示简单的平面图形，免标注。

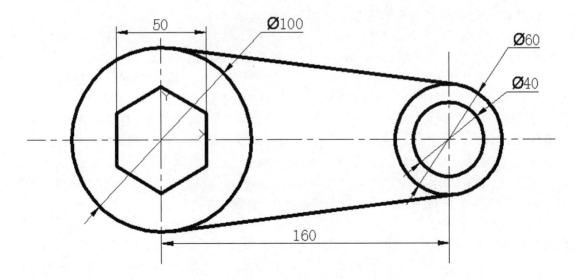

图 2-1　简单的平面图形

这是一个较简单的平面图绘制案例。根据图示分析，此平面图形分左右两个部分，图形由直线、圆和一个正六边形组成，连接左右两个圆的切线为本任务的难点。

相关知识

一、直线（Line）命令

Line 命令用于生成一条直线，该直线的两端点可以用二维（2D）或三维（3D）坐标指定。

AutoCAD 绘制一条直线段并且继续提示输入点。用户可以绘制一系列连续的直线段，但每条直线段都是一个独立的对象。按 Enter 键结束命令。

1. 命令格式

🎇单击"绘图"工具栏的 ⁄ 按钮。

🎇单击下拉菜单 绘图→直线。

⌨输入命令"line"。

2. 命令说明

（1）用鼠标自由选取点。

（2）用捕捉、正交及对象捕捉控制点选取。

（3）用键盘直接输入坐标值：计算机默认采用笛卡儿坐标系，可以绝对坐标、相对坐标及极坐标输入。

下面的练习中，就以对象捕捉、键盘输入坐标来确定点的位置。

【示例】 绘制如图 2-2 所示图形。

单击"绘图"工具栏上的 ⁄ 按钮。

命令：_line 指定第一点：100,100✓　　　（用绝对坐标选定起始点）

指定下一点或［放弃（U）］：100,200✓　　　（用绝对坐标选定一点绘制向上垂直线段）

指定下一点或［放弃（U）］：150,200✓　　　（用绝对坐标再选定一点绘制向右水平线段）

指定下一点或［闭合（C）/放弃（U）］：@0,-50✓　　　（用相对坐标选定一点绘制向下垂直线段，相对坐标就是下一点以前一点为参考原点。输入相对坐标时，前面要加"@"符号）

指定下一点或［闭合（C）/放弃（U）］：@150<0✓　　　（绘制一条错误的线条）

指定下一点或［闭合（C）/放弃（U）］：u✓　　　（将当前最后一条画的直线删除，并向后退回一点以便重新画线，即删除@150<0坐标）

指定下一点或［闭合（C）/放弃（U）］：@50<0✓　　　（用相对极坐标来绘制向右水平线段。相对极坐标就是下一点以前一点为参考原点，以极坐标来表示下一点）

指定下一点或［闭合（C）/放弃（U）］：@50<-90✓　　　（用相对极坐标绘制向下垂直线段）

指定下一点或［闭合（C）/放弃（U）］：c✓　　（C 表示 Close，封闭图形）

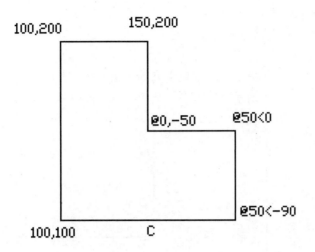

图 2-2　直线命令的使用

提示：用键盘输入命令或坐标值后，一定要按 Enter 健，用✓来表示，表示确认。

在画图时，常常要对画错的实体进行擦除。有两个命令可以实现：Undo 或 U（放弃）和 Erase（擦除）。如果刚才画错了，马上输入"U✓"（Undo 的简写）或输入"Erase"命令。

二、删除（Erase）命令

Erase 命令用于从图形中删除选定的对象。此方法不会将对象移动到剪贴板（通过剪贴板，可以将对象粘贴到其他位置）。

Erase 命令属于编辑类命令，编辑类命令在执行时都会在命令行提示"选择对象"，用户可以用鼠标在图形中点选一个或几个对象，或者从第一点向对角点拖动光标的方向将确定选择的对象。从左向右拖动光标，称为"窗口选择"以仅选择完全位于矩形区域中的对象。从右向左拖动光标，称为"交叉窗口选择"以选择矩形窗口包围的或相交的对象。

另外，我们还可以输入一个选项，例如，输入"L"选择上一个对象，输入"P"选择前一个选择集，或者输入"ALL"选择所有对象。还可以输入"?"以获得所有选项的列表。

1. 命令格式

单击"修改"工具栏的 ✐ 按钮。

单击下拉菜单 修改 → 删除 命令。

输入命令" Erase"。

2. 命令说明

选择对象：找到 1 个，用鼠标选取要擦除的目标。

选择对象：找到 1 个，总计 2 个，继续选取要擦除的目标。

选择对象：直接按 Enter 键结束选择。

除此以外，还有两个命令可用来挽救由 Undo 和 Erase 删除的实体，Redo 与 Undo 相对应，Oops 与 Erase 相对应。其中，Redo 命令就是工具栏上的 ↷ 按钮，只有当执行了 Undo 和 Erase 后，紧接着用 Redo 或 Oops 才有效。这两条命令可以练习使用一下。

【示例】 绘制如图 2-3 所示图形。

单击"绘图"工具栏上的 ✐ 按钮。

命令：_erase↙

选择对象：找到 1 个　　　（用鼠标选取最下方的一条横线，此时被选中的线条显示为虚线）

选择对象：↙　　　　　　（结束对象选择，命令结束，此时被选中的线条从图中删除）

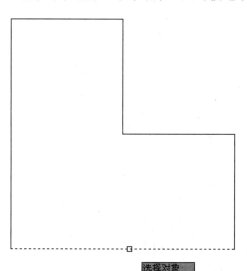

图 2-3　删除命令的使用

三、正多边形（Polygon）命令

Polygon 命令用来绘制正多边形。

1. 命令格式

🎴单击"绘图"工具栏的 ⬡ 按钮。

🎴单击下拉菜单 绘图 → 多边形 。

⌨输入命令"Polygon"。

2. 命令说明

单击"绘图"工具栏中的 ⬡ 按键，则命令窗口中可看到如下显示。

命令：_POLYGON↙

输入边的数目<4>：6↙　　　　　　　　　（输入正多条形的边数，默认为四边形）

指定正多边形的中心点或 [边（E)]：　　　（输入某点作为中心点，若输入"E"则按正多边形的边长来绘制）

输入选项 [内接于圆（I）/外切于圆（C)] <C>：↙　　　（默认为按外切于圆方式绘制正多边形，若输入"I"则按内接于圆方式绘制正多边形）

选择画绘制正多边形的三种方法：按边长（Edge）、内接圆（Inscribed）和外切圆（Circumscribed），如图 2-4 所示。

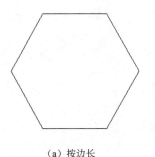
（a）按边长

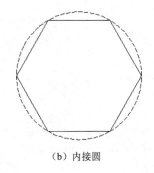
（b）内接圆

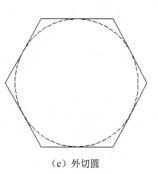
（c）外切圆

图 2-4　正多边形的三种绘制方法

四、圆（Circle）命令

用 Circle 命令画圆共有五种方式：给出圆心和半径绘制圆；给出圆心和直径绘制圆；给出圆周上任意三点（3P）绘制圆；给出圆周上直径两端点（2P）绘制圆；给出与圆相切的两个对象和圆的半径（TTR）绘制圆。

1．命令格式

🖰单击"绘图"工具栏的 ⊙ 按钮。

🖰单击下拉菜单：绘图→圆→（圆心、半径，圆心、直径，三点，两点，相切、相切半径，相切、相切、相切）。

⌨输入命令"Circle"。

2．命令说明

单击"绘图"工具栏中的 ⊙ 按键，则命令窗口中可看到如下提示。

（1）给出圆心和半径绘制圆。

命令：_circle 指定圆的圆心或 ［三点（3P）/两点（2P）/相切、相切、半径（T）］：20,30↙　　　　　　　　　　　（默认选项为输入圆心坐标）

指定圆的半径或 ［直径（D）］：30↙　（默认选项为输入半径）

所绘图形如图 2-5（a）所示。

（2）给出圆心和直径绘制圆。

命令：_circle 指定圆的圆心或 ［三点（3P）/两点（2P）/相切、相切、半径（T）］：100,30↙　　　　　　　　　　　（默认选项为输入圆心坐标）

指定圆的半径或 ［直径（D）］<30.0000>：d↙　（输入"d"，选择直径方式）

指定圆的直径<60.0000>：60↙　　　（输入直径"60"）

所绘图形如图 2-5（b）所示。

（3）给出圆周上任意三点（3P）绘制圆。

命令：_circle 指定圆的圆心或 ［三点（3P）/两点（2P）/相切、相切、半径（T）］：3p↙

（选择 3P 方式）

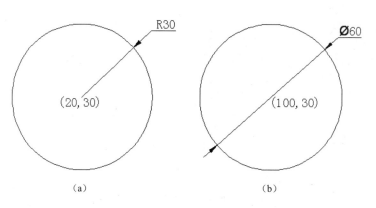

图 2-5 根据圆心、半径和圆心、直径绘制圆

指定圆上的第一点：p1   （给出圆周上第一点）

指定圆上的第二点：p2   （给出圆周上第二点）

指定圆上的第三点：p3   （给出圆周上第三点）

所绘图形如图 2-6（a）所示。

（4）给出圆周上直径两端点（2P）绘制圆。

命令：_circle 指定圆的圆心或［三点（3P）/两点（2P）/相切、相切、半径（T）］：2p✓
（选择 2P 方式）

指定圆直径的第一个端点：p4   （给出直径上第一端点）

指定圆直径的第二个端点：p5   （给出直径上第二端点）

所绘图形如图 2-6（b）所示。

（5）给出与圆相切的两个对象和圆的半径（TTR）绘制圆。

命令：_circle 指定圆的圆心或［三点（3P）/两点（2P）/相切、相切、半径（T）］：T✓

（选择相切、相切、半径方式）

在对象上指定一点作圆的第一条切线：p6   （指定相切第一条直线或圆）

在对象上指定一点作圆的第二条切线：p7   （指定相切第二条直线或圆）

指定圆的半径：20✓   （输入半径或按 Enter 键选择默认值）

所绘图形如图 2-6（c）所示。

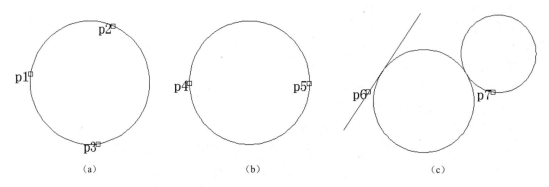

图 2-6 根据三点，两点和相切、相切半径绘制圆

五、偏移（Offset）命令

Offset 命令用来创建同心圆、平行线和平行曲线。

可以在指定距离或通过一个点偏移对象。偏移对象后，可以使用修剪和延伸这种有效的方式来创建包含多条平行线和曲线的图形。

为了使用方便，Offset 命令将重复。要退出该命令，按 Enter 键。

1. 命令格式

✎单击"修改"工具栏的 按钮。

✎单击下拉菜单 修改 → 偏移 。

⌨输入命令"Offset"。

2. 命令说明

命令：_offset

当前设置：删除源=否　图层=源　OFFSETGAPTYPE=0

指定偏移距离或［通过（T）/删除（E）/图层（L）］<10>：

（1）通过（T）：创建通过指定点的对象。注意要在偏移带角点的多段线时获得最佳效果，应在直线段中点附近（而非角点附近）指定通过点，如图 2-7 所示。

图 2-7　绘制中心线

（2）删除（E）：偏移源对象后将其删除。

（3）图层（L）：确定将偏移对象创建在当前图层上还是源对象所在的图层上。

提示：Offset 命令对象选择只能选择用鼠标点选，并确定偏移方向。

六、旋转（Rotate）命令

Rotate 命令用来绕基点旋转对象。

1. 命令格式

✎单击"修改"工具栏的 按钮。

✎单击下拉菜单 修改 → 旋转 。

⌨输入命令"Rotate "。

2. 命令说明

【示例】 绘制如图 2-8 所示的旋转圆。

单击"修改"工具栏上的 按钮。

命令：_rotate

UCS 当前的正角方向：ANGDIR=逆时针　ANGBASE=0

选择对象：找到 1 个　　　　　　　　　（选择小圆）

选择对象：找到 1 个，总计 2 个　　　　（选择文字"小圆"）

选择对象：　　　　　　　　　　　　　（按 Enter 键选择对象结束）

指定基点：　　　　　　　　　　　　　（指定大圆的圆心作为旋转基准点）

指定旋转角度，或［复制（C）/参照（R）］<90>：270 ✓

如图 2-8 所示，图（a）为旋转前，图（b）为旋转后。

（1）旋转角度：决定对象绕基点旋转的角度。旋转轴通过指定的基点，并且平行于当前 UCS 的 Z 轴。

（2）复制（C）：创建要旋转的选定对象的副本。

（3）参照（R）：将对象从指定的角度旋转到新的绝对角度。

旋转窗口对象时，窗口的边框仍然保持与绘图区域的边界平行。

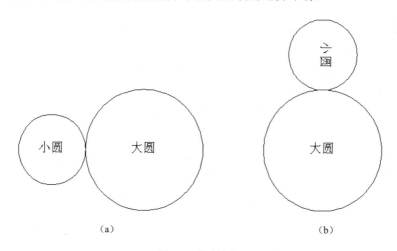

图 2-8　旋转圆

七、取消与重做

取消与重做是一组帮助用户改正绘制过程中误操作的命令。

1．取消命令

在绘图过程中，难免有绘制错的地方，使用取消命令，可以帮助用户改正一些错误。

可以通过如下几种方法输入取消命令。

（1）命令：输入"U"或"Undo"。

（2）"编辑"菜单：单击菜单 编辑 → 取消 。

（3）"修改"工具栏：单击图标 ↰ 。

（4）快捷键：Ctrl+Z 键

2．重做命令

在操作取消命令时难免会发生操作失误，重做命令能帮助用户挽回最近一次的失误。

可以通过如下几种方法输入重做命令。

（1）命令：输入"Redo"。

（2）"编辑"菜单：单击菜单 编辑 → 重做 。

（3）"修改"工具栏：单击图标 ↻ 。

（4）快捷键：Ctrl+Y 键。

 任务实施

要画好平面几何图形，仅仅用前面的绘图命令还不够，还需要学习合理使用目标捕捉工具。

步骤一 绘制中心线。

选择下拉菜单 文件 → 新建 ，弹出"选择样板"对话框，选择前面创建的 A3 样板图，单击打开，进入 A3 样板图文件。

进入"图层 4"，过原点用"直线"命令绘制 2 条相交的中心线。

命令：_line 指定第一点：-60,0↙

指定下一点或 [放弃（U）]：200,0↙

指定下一点或 [放弃（U）]：↙

命令：_line 指定第一点：0,-60↙

指定下一点或 [放弃（U）]：0,60↙

指定下一点或 [放弃（U）]：↙

用"偏移"命令创建另一条中心线，如图 2-9 所示。

命令：OFFSET

当前设置：删除源=否 图层=源 OFFSETGAPTYPE=0

指定偏移距离或 [通过（T）/删除（E）/图层（L）] <10.0000>：160↙

选择要偏移的对象，或 [退出（E）/放弃（U）] <退出>：（用鼠标选取垂直的中心线）

指定要偏移的那一侧上的点，或 [退出（E）/多个（M）/放弃（U）] <退出>：（单击中心线右边）

选择要偏移的对象，或 [退出（E）/放弃（U）] <退出>：↙

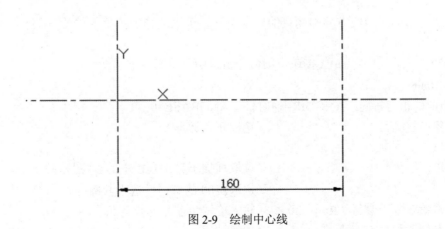

图 2-9 绘制中心线

步骤二　绘制圆和正六边形。

进入图层 1，根据图 2-1 所示尺寸，用"圆"命令和"正多边形"命令绘制圆和正六边形。

命令：_circle 指定圆的圆心或［三点（3P）/两点（2P）/切点、切点、半径（T）］：（单击左边两中心线的交点）

指定圆的半径或［直径（D）］<10.0000>：50✓

命令：CIRCLE 指定圆的圆心或［三点（3P）/两点（2P）/切点、切点、半径（T）］：（单击右边两中心线的交点）

指定圆的半径或［直径（D）］<50.0000>：20✓

命令：CIRCLE 指定圆的圆心或［三点（3P）/两点（2P）/切点、切点、半径（T）］：（单击右边两中心线的交点）

指定圆的半径或［直径（D）］<20.0000>：30✓

命令：_polygon 输入侧面数<4>：6✓

指定正多边形的中心点或［边（E）］：（单击左边两中心线的交点）

输入选项［内接于圆（I）/外切于圆（C）］<I>：c✓

指定圆的半径：25✓

绘制图形如图 2-10 所示。

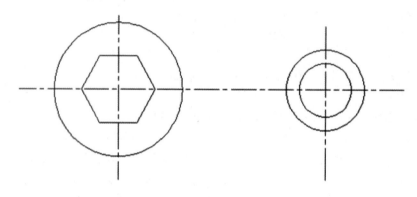

图 2-10　绘制圆和正六边形

步骤三　旋转正六边形。

现在正六边形的对角线方向与题目的要求不同，可以选择下拉菜单 修改 → 旋转 把它转过一个角度，具体步骤如下。

单击"修改"工具栏中的 ⟳ 按钮，则命令窗口中可看到如下提示。

命令：_rotate

UCS 当前的正角方向：ANGDIR=逆时针　ANGBASE=0

选择对象：找到 1 个　　　　　　　（选取正六边形）

选择对象：✓

指定基点：　　　　　　　　　　　（选取捕捉工具工具栏中的 ◉ 图标）

_cen 于　　　　　　　　　　　　（选取 $\phi100$ 的圆弧，选中其圆心）

指定旋转角度或［参照（R）］：30✓　（输入旋转角度）

绘制图形如图 2-11 所示。

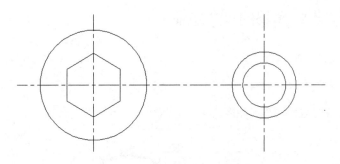

图 2-11 旋转正六边形

步骤四 绘制切线。

切线实际上也是直线，要用直线命令画，只是它的起点和终点是依据与圆弧相切而确定的。AutoCAD 中有一组目标捕捉工具，可以用来捕捉实体上的特征点，其中切点就是这些特征点的一种。AutoCAD 共有 17 种不同的目标捕捉方式，打开对象捕捉浮动工具栏，如图 2-12 所示。

图 2-12 对象捕捉浮动工具栏

提示： 目标捕捉不是命令，而是一种状态，是为了使用户更高效地使用各种命令。若直接输入捕捉方式，则会导致出错。

下面来画这个图形的切线。

单击"绘图"工具栏中的／按钮，则命令窗口中可看到如下提示。

命令：_line （选取 Line 命令）

指定第一点： （选取对象捕捉工具栏中的 按钮）

_tan 到 （选取 φ100 圆弧，光标中间的靶区框要指在圆弧上）

指定下一点或［放弃（U）］： （选取对象捕捉工具栏中的 按钮）

_tan 到 （选取 φ60 圆弧）

一条切线画好了，依照这个方法，再画另一条，单击线宽显示按钮，结果如图 2-13 所示。

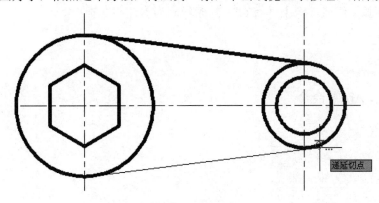

递延切点

图 2-13 绘制切线

任务 2.2　典型平面图形的绘制

根据要求在 AutoCAD 中绘制如图 2-14 所示图形，免标注。

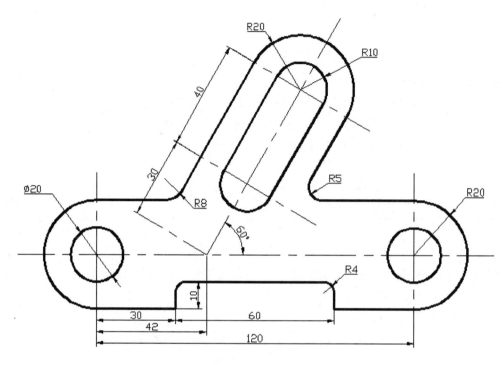

图 2-14　典型平面图形

这是一个较典型的平面图绘制案例。根据图示分析，此平面图形分上下两个部分，图形由直线和圆（圆弧）组成，但上部有 60°的倾斜，为本任务的难点。

一、圆弧（Arc）命令

1. 命令格式

单击"修改"工具栏的 按钮。

单击下拉菜单 绘图→圆弧。

输入命令"Arc"。

2. 命令说明

用 Arc 命令画圆弧，有 11 种方式，打开下拉菜单 绘图 → 圆弧 可以看到如图 2-15 提示。

⌒ 三点(P)	—— 根据圆弧上有三点画弧
⌒ 起点、圆心、端点(S)	—— 起始点、圆心、终止点
⌒ 起点、圆心、角度(T)	—— 起始点、圆心、圆弧的夹角
⌒ 起点、圆心、长度(A)	—— 起始点、圆心、圆弧的弦长
⌒ 起点、端点、角度(N)	—— 起始点、终止点、圆弧的夹角
⌒ 起点、端点、方向(D)	—— 起始点、终止点、起始点上切线的方向
⌒ 起点、端点、半径(R)	—— 起始点、终止点、圆弧半径
⌒ 圆心、起点、端点(C)	—— 圆心、起始点、终止点
⌒ 圆心、起点、角度(E)	—— 圆心、起始点、圆弧的夹角
⌒ 圆心、起点、长度(L)	—— 圆心、起始点、圆弧的弦长
⌒ 继续(O)	—— 连续方式

图 2-15 圆弧绘制方式

实际绘图使用哪种方式，取决于图形中的已知条件。

【示例】 用 Arc 命令绘制如图 2-16（a）所示圆弧。

根据图 2-16（a）的尺寸标注可知，对于 R180 与 R140 两段圆弧，可采用已知起始点 P1、P2（如图 2-16（b）所示）、圆心 O1、圆弧夹角 60°的方式画出，而对于 R20 的两圆弧可采用已知起始点、圆心（O2，O3）、终点方式或始点、圆心（O2，O3）、圆弧夹角 180°的方式画出。

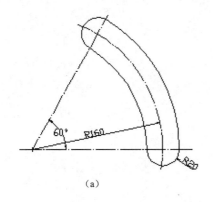
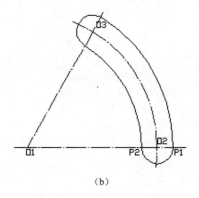

（a）　　　　　　　　　　　　　　　　　（b）

图 2-16 绘制圆弧

下面以画 R180 圆弧为例，讲述其操作过程。单击"绘图"工具栏中的 ⌒ 按钮，则命令窗口中可看到如下提示。

命令：arc✓	（发出绘制圆弧命令）
指定圆弧的起点或［圆心（CE）］：p1	（输入圆弧起始点）
指定圆弧的第二点或［圆心（CE）/端点（EN）］：ce✓	（选择输入圆心选项）
指定圆弧的圆心：_o1	（输入圆心坐标）
指定圆弧的端点或［角度（A）/弦长（L）］：a ✓	（选择输入圆弧夹角选项）

指定包含角：60↙ （输入圆弧夹角）

R20 圆弧的绘制过程：

命令：arc↙ （发出绘制圆弧命令）

指定圆弧的起点或 [圆心（CE）]：p2 （输入圆弧起始点）

指定圆弧的第二点或 [圆心（CE）/端点（EN）]：ce↙ （选择输入圆心选项）

指定圆弧的圆心：_o2 （输入圆心坐标）

指定圆弧的端点或 [角度（A）/弦长（L）]：p1 （输入圆弧终点）

提示：一段圆弧有两个端点：一个起始点和一个终止点。AutoCAD 默认的画弧方向是起始点沿逆时针方向画到终止点。如图 2-17（a）所示，圆心为 o1，起点为 p1，终点为 p2；如果以 p2 为起点，以 p1 为终点，则画出的结果如图 2-17（b）所示。

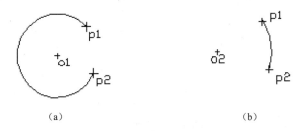

(a)   (b)

图 2-17　绘制圆弧

二、圆角（Fillet）命令

使用 AutoCAD 提供的圆角命令，可以用光滑的弧把两个实体连接起来。可以通过如下几种方法输入圆角命令。

1．命令格式

单击"修改"工具栏的 ⌐ 按钮。

单击下拉菜单 修改 → 圆角 。

输入命令"Fillet"。

2．命令说明

【**示例**】 用 Fillet 命令将图 2-18（a）所示两直线用圆角连接。

用上述三种方式中任意一种命令方式输入，则 AutoCAD 将有如下提示：

命令：_ Fillet↙

当前模式：模式=修剪,半径=0

选择第一个对象或 [放弃（U）/多段线（P）/半径（R）/修剪（T）/多个（M）]：r↙

（改变圆角半径）

指定圆角半径：5↙

选择第一个对象或[放弃（U）/多段线（P）/半径（R）/修剪（T）/多个（M）]：

（单击选中横线）

选择第二个对象，或按住 Shift 键选择对象以应用角点或 [半径（R）]：

（单击选中竖线）

圆角连接结果如图 2-18（b）图所示。

命令：_Fillet

当前模式：模式=修剪,半径=5

选择第一个对象或［放弃（U）/多段线（P）/半径（R）/修剪（T）/多个（M）］：t↙
（改变修剪模式）

输入修剪模式选项［修剪（T）/不修剪（N）］<修剪>：n↙
（不修剪）

选择第一个对象或［放弃（U）/多段线（P）/半径（R）/修剪（T）/多个（M）］：
（单击选中横线）

选择第二个对象，或按住 Shift 键选择对象以应用角点或［半径（R）］：
（单击选中竖线）

圆角连接结果如图 2-18（c）图所示。

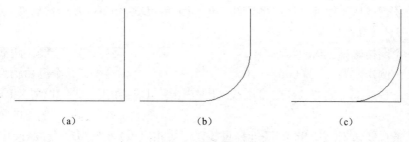

图 2-18　圆角命令

【示例】　用 Fillet 命令将图 2-19（a）所示两直线延伸相交成图 2-19（b）所示。

命令：_fillet

当前设置：模式 = 修剪,半径 = 10.0000

选择第一个对象或［放弃（U）/多段线（P）/半径（R）/修剪（T）/多个（M）］：r↙
（改变圆角半径）

指定圆角半径 <10.0000>：0↙

选择第一个对象或［放弃（U）/多段线（P）/半径（R）/修剪（T）/多个（M）］：
（单击选中任意一条线）

选择第二个对象，或按住 Shift 键选择对象以应用角点或［半径（R）］：
（单击选中另一条线）

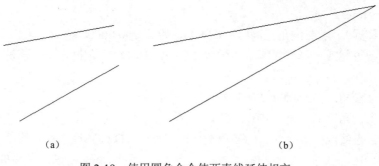

图 2-19　使用圆角命令使两直线延伸相交

三、倒角（Chamfer）命令

在工程图样上，为了避免出现尖锐的角，使用倒角命令定义一个倾斜面代替边界。
用户可以通过如下几种方法输入倒角命令。

1．命令格式

✍单击"修改"工具栏的 ⌐ 按钮。
✍单击下拉菜单 修改 → 倒角 。
⌨输入命令"Chamfer"。

2．命令说明

用上述三种方式中任意一种输入，则 AutoCAD 将有如下提示。

命令：_chamfer✓

（"不修剪"模式） 当前倒角距离 1 = 0.0000，距离 2 = 0.0000

选择第一条直线或［放弃（U）/多段线（P）/距离（D）/角度（A）/修剪（T）/方式（E）/多个（M）］：d✓（修改倒角距离）

指定第一个倒角距离 <0.0000>：10✓　　　　　　　　（输入第一个倒角距离）
指定第二个倒角距离 <10.0000>：10✓　　　　　　　　（输入第二个倒角距离）

选择第一条直线或［放弃（U）/多段线（P）/距离（D）/角度（A）/修剪（T）/方式（E）/多个（M）］：　　　　　　　　　　（单击选中要倒角的第一条直线）

选择第二条直线，或按住 Shift 键选择直线以应用角点或［距离（D）/角度（A）/方式（M）］：　　　　　　　　　　（单击选中要倒角的第二条直线）

如果要修改倒角的修剪模式，步骤如下。

命令：_chamfer✓

（"不修剪"模式）当前倒角距离 1 = 0.0000，距离 2= 0.0000

选择第一条直线或［放弃（U）/多段线（P）/距离（D）/角度（A）/修剪（T）/方式（E）/多个（M）］：t✓

输入修剪模式选项［修剪（T）/不修剪（N）］<不修剪>：t✓

选择第一条直线或［放弃（U）/多段线（P）/距离（D）/角度（A）/修剪（T）/方式（E）/多个（M）］：

选择第二条直线，或按住 Shift 键选择直线以应用角点或［距离（D）/角度（A）/方法（M）］：

【示例】 用 Chamfer 命令将图 2-20 （a）所示的矩形裁剪成如图 2-20 （b）所示图形。

命令：_chamfer✓

（"修剪"模式） 当前倒角距离 1 = 0.0000，距离 2=0.0000

选择第一条直线或［放弃（U）/多段线（P）/距离（D）/角度（A）/修剪（T）/方式（E）/多个（M）］：d✓

指定第一个倒角距离 <0.0000>：20✓
指定第二个倒角距离 <20.0000>：40✓

选择第一条直线或［放弃（U）/多段线（P）/距离（D）/角度（A）/修剪（T）/方式（E）/多个（M）］：　　　　　　　　　　（单击选中左边的竖线）

选择第二条直线，或按住 Shift 键选择直线以应用角点或［距离（D）/角度（A）/方法（M）］：

（单击选中上边的横线）

命令：CHAMFER↙

（"修剪"模式）当前倒角距离 1＝20.0000，距离 2＝40.0000

选择第一条直线或［放弃（U）/多段线（P）/距离（D）/角度（A）/修剪（T）/方式（E）/多个（M）］：

（单击选中左边的竖线）

选择第二条直线，或按住 Shift 键选择直线以应用角点或［距离（D）/角度（A）/方法（M）］：

（单击选中下边的横线）

命令：CHAMFER↙

（"修剪"模式）当前倒角距离 1＝20.0000，距离 2＝40.0000

选择第一条直线或［放弃（U）/多段线（P）/距离（D）/角度（A）/修剪（T）/方式（E）/多个（M）］：

（单击选中右边的竖线）

选择第二条直线，或按住 Shift 键选择直线以应用角点或［距离（D）/角度（A）/方法（M）］：

（单击选中上边的横线）

命令：CHAMFER↙

（"修剪"模式）当前倒角距离 1＝20.0000，距离 2＝40.0000

选择第一条直线或［放弃（U）/多段线（P）/距离（D）/角度（A）/修剪（T）/方式（E）/多个（M）］：

（单击选中右边的竖线）

选择第二条直线，或按住 Shift 键选择直线以应用角点或［距离（D）/角度（A）/方法（M）］：

（单击选中下边的横线）

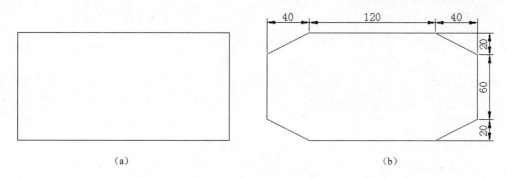

（a）　　　　　　　　　　　　　　　（b）

图 2-20　倒角、裁剪矩形

四、复制（Copy）命令

在一张图纸中，往往有些实体是相同的，如果一次又一次重复这些相同的操作，实在麻烦。复制命令能省去这些麻烦。

1．命令格式

🔷单击"修改"工具栏的 按钮。

🔷单击下拉菜单 修改 → 复制 。

⌨ 输入命令"Copy"。

2．命令说明

用上述三种方式中任意一种命令方式输入，则 AutoCAD 将有如下提示。

选择对象：

当前设置：复制模式 = 多个

指定基点或［位移（D）/模式（O）］<位移>：

指定第二个点或［阵列（A）］<使用第一个点作为位移>：

指定第二个点或［阵列（A）/退出（E）/放弃（U）］<退出>：

五、修剪（Trim）命令

当操作一个有多个对象的图形时，若要剪去图形的一些对象的一部分，逐个剪切将需要很多的时间，而修剪命令可以剪去对象上超过需要交点的那部分。

1．命令格式

💊单击"修改"工具栏的 🔶 按钮。

💊单击下拉菜单 修改 → 修剪 。

🖳输入命令"Trim"。

2．命令说明

用上述三种方式中的任意一种输入，则 AutoCAD 将有如下提示。

选择对象：（选择实体对象作为剪切边界）　　　　　　　（选择一个或多个对象并按 Enter 键，或者按 Enter 键选择所有显示的对象）

选择要修剪的对象或［投影（P）/边（E）/放弃（U）］：（选取被剪部分）

选择要修剪的对象或［投影（P）/边（E）/放弃（U）］：✓

【示例】　用 Trim 命令剪切线段。

命令：_trim✓

当前设置：投影=UCS，边=无

选择剪切边...

选择对象或 <全部选择>：找到 1 个（单击选中左边竖线，如图 2-21（a）所示）

选择对象：找到 1 个，总计 2 个　　（单击选中右边竖线，如图 2-21（a）所示）

选择对象：✓

选择要修剪的对象，或按住 Shift 键选择要延伸的对象，或［栏选（F）/窗交（C）/投影（P）/边（E）/删除（R）/放弃（U）］：　　（单击选中横线的中间部分，如图 2-21（b）所示）

(a)　　　　　　　　　　　　　　　　　　(b)

图 2-21　修剪命令

 **任务实施**

要画好平面几何图形，仅仅用前面的绘图命令还不够，下面就配合绘制平面几何图形来学习目标捕捉工具及常用的修改命令。

步骤一 绘制中心线。

单击下拉菜单 文件 → 新建 ，弹出"选择样板"对话框，选择前面创建的 A3 样板图，单击打开，进入 A3 样板图文件。

进入图层 4，用"直线"命令绘制 2 条相交的中心线。

命令：_line 指定第一点：0,0 ✓

指定下一点或［放弃（U）］：160,0 ✓

指定下一点或［放弃（U）］：✓

命令：_line 指定第一点：30,-30 ✓

指定下一点或［放弃（U）］：30,300 ✓

指定下一点或［放弃（U）］：✓

把用户坐标原点设置在 A 点，那么在画图时一切以 A 点为绘图原点进行画图。其操作过程如下：

命令：UCS ✓

当前 UCS 名称：*世界*

指定 UCS 的原点或［面（F）/命名（NA）/对象（OB）/上一个（P）/视图（V）/世界（W）/X/Y/Z/Z 轴（ZA）］<世界>：O✓ （选取用户坐标原点方式）

指定新原点<0,0,0>：A （选取 A 点，那么坐标原点已设置到 A 点）

用"偏移"命令创建另一条中心线

命令：OFFSET ✓

当前设置：删除源=否 图层=源 OFFSETGAPTYPE=0

指定偏移距离或［通过（T）/删除（E）/图层（L）］<10.0000>：120 ✓

选择要偏移的对象，或［退出（E）/放弃（U）］<退出>：（单击选中垂直的中心线）

指定要偏移的那一侧上的点，或［退出（E）/多个（M）/放弃（U）］<退出>：（单击中心线右边）

选择要偏移的对象，或［退出（E）/放弃（U）］<退出>：✓

绘制效果如图 2-22 所示。

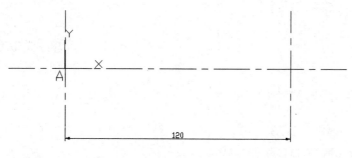

图 2-22 绘制中心线

步骤二 绘制圆及直线。

进入图层 1，然后用直线命令、画圆命令及捕捉方式画直线、画圆，如图 2-23 所示。

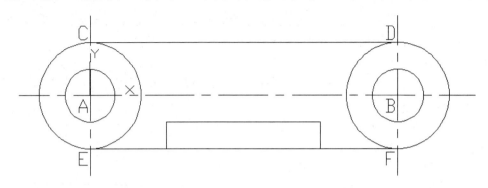

图 2-23 绘制圆及直线

命令：_circle ✓

指定圆的圆心或 [三点（3P）/两点（2P）/切点、切点、半径（T）]：

（单击选取 A 点）

指定圆的半径或 [直径（D）]：20✓

命令：_circle ✓

指定圆的圆心或 [三点（3P）/两点（2P）/切点、切点、半径（T）]：

（单击选取 A 点）

指定圆的半径或 [直径（D）] <20.0000>：10✓

命令：_copy✓

选择对象：指定对角点：找到 2 个 （单击选取刚绘制的 2 个圆）

选择对象：✓

当前设置：复制模式 = 多个

指定基点或 [位移（D）/模式（O）] <位移>： （单击选取 A 点）

指定第二个点或 [阵列（A）] <使用第一个点作为位移>： （单击选取 B 点）

指定第二个点或 [阵列（A）/退出（E）/放弃（U）] <退出>：*取消*

命令：

命令：_line 指定第一点： （单击选取 C 点）

指定下一点或 [放弃（U）]： （单击选取 D 点）

指定下一点或 [放弃（U）] ✓

命令：

LINE 指定第一点： （单击选取 E 点）

指定下一点或 [放弃（U）]： （用鼠标选取 F 点）

指定下一点或 [放弃（U）] ✓

命令：

命令：_line 指定第一点：30,−20 ✓

指定下一点或 [放弃（U）]：30,−10 ✓

指定下一点或［放弃（U）］：90,-10↙

指定下一点或[闭合（C）/放弃（U）]：90,-20↙

指定下一点或［闭合（C）/放弃（U）］：↙

步骤三 修剪多余的部分。

修剪命令可以修剪掉直线、圆弧、圆等线段的多余部分，如图2-24和图2-25所示。

命令：trim↙

当前设置：投影=UCS 边=无

选择剪切边 …

选择对象：↙ （选择所有物体）

选择要修剪的对象或［投影（P）/边（E）/放弃（U）］： （单击选取线段12）

选择要修剪的对象或［投影（P）/边（E）/放弃（U）］： （单击选取圆弧34）

选择要修剪的对象或［投影（P）/边（E）/放弃（U）］： （单击选取圆弧45）

选择要修剪的对象或［投影（P）/边（E）/放弃（U）］： （单击选取圆弧67）

选择要修剪的对象或［投影（P）/边（E）/放弃（U）］： （单击选取圆弧78）

选择要修剪的对象或［投影（P）/边（E）/放弃（U）］：↙

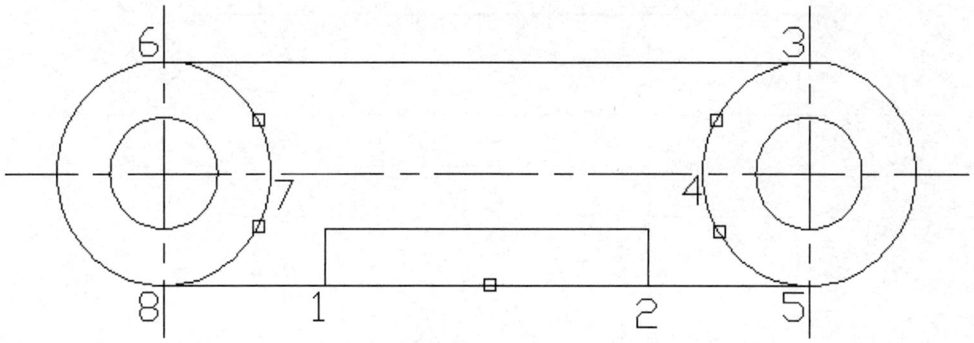

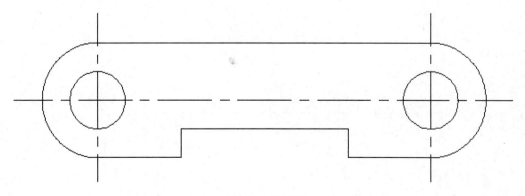

图2-24 修剪前

通过以上操作，图形就成为如图2-25所示的样子。

图2-25 修剪后

步骤四 设置新的坐标系。

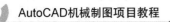

在画上部倾斜部分时，首先将用户坐标原点由 A 点移至新的原点，新的原点距离 A 点为 42，再把 X 方向旋转 60°（如图 2-26 所示），为画倾斜部分作准备，其操作如下。

命令：UCS✓

当前 UCS 名称：*世界*

指定 UCS 的原点或 [面（F）/命名（NA）/对象（OB）/上一个（P）/视图（V）/世界（W）/X/Y/Z/Z 轴（ZA）] <世界>：o　　　　　　　　　　（选取用户坐标原点方式）

　指定新原点<0,0,0>：42, 0✓　　　　　　　　　　（输入用户坐标原点）

命令：UCS

当前 UCS 名称：*没有名称*

指定 UCS 的原点或 [面（F）/命名（NA）/对象（OB）/上一个（P）/视图（V）/世界（W）/X/Y/Z/Z 轴（ZA）] <世界>：z✓　　　　　　　　　（坐标系绕 Z 轴旋转方式）

　指定绕 Z 轴的旋转角度 <90>：60✓　　　　　　　（输入旋转角度）

命令：　<栅格 开>

现在可以利用前面所学过的绘图命令 LINE、CIRCLE 和 TRIM 画出如图 2-14 所示图形。

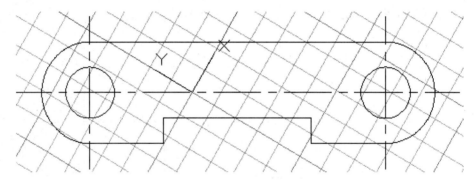

图 2-26　设置新的坐标系

步骤五　绘制图样上倾斜部分的中心线，如图 2-27 所示。进入图层 4。

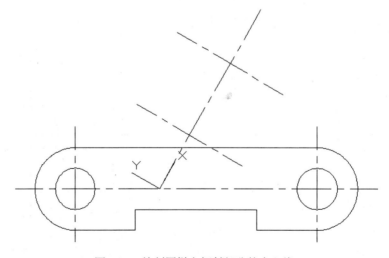

图 2-27　绘制图样上倾斜部分的中心线

命令：_line 指定第一点：0,0✓

指定下一点或［放弃（U）］：100，0✓

指定下一点或［放弃（U）］：✓

命令：_line 指定第一点：30,30✓

指定下一点或［放弃（U）］：30,-30✓

指定下一点或［放弃（U）］：✓

命令：_offset

当前设置：删除源=否　图层=源　OFFSETGAPTYPE=0

指定偏移距离或［通过（T）/删除（E）/图层（L）］<120.0000>：40✓

选择要偏移的对象，或［退出（E）/放弃（U）］<退出>：（单击选取刚绘制的直线）

指定要偏移的那一侧上的点，或［退出（E）/多个（M）/放弃（U）］<退出>：（单击右上方）

选择要偏移的对象，或［退出（E）/放弃（U）］<退出>：✓

步骤六　绘制图样上倾斜部分的直线和圆弧，如图2-28所示。进入图层1。

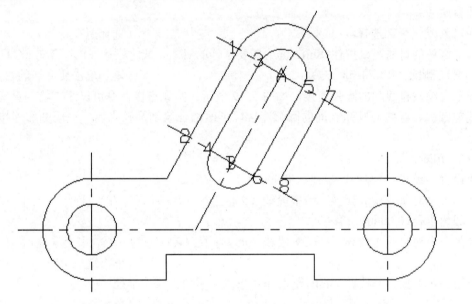

图2-28　绘制图样上倾斜部分的直线和圆弧

命令：_circle 指定圆的圆心或［三点（3P）/两点（2P）/切点、切点、半径（T）］：
（单击选取 A 点）

指定圆的半径或［直径（D）］<20.0000>：✓

CIRCLE 指定圆的圆心或［三点（3P）/两点（2P）/切点、切点、半径（T）］：
（单击选取 A 点）

指定圆的半径或［直径（D）］<20.0000>：10✓

CIRCLE 指定圆的圆心或［三点（3P）/两点（2P）/切点、切点、半径（T）］：
（单击选取 B 点）

指定圆的半径或［直径（D）］<10.0000>：10✓

命令：_line 指定第一点： （单击选取 1 点）
指定下一点或［放弃（U）］： （单击选取 2 点）
指定下一点或［放弃（U）］：✓
LINE 指定第一点： （单击选取 3 点）
指定下一点或［放弃（U）］： （单击选取 4 点）
指定下一点或［放弃（U）］：✓
命令：_line 指定第一点： （单击选取 5 点）
指定下一点或［放弃（U）］： （单击选取 6 点）
指定下一点或［放弃（U）］：✓
LINE 指定第一点： （单击选取 7 点）
指定下一点或［放弃（U）］： （单击选取 8 点）
指定下一点或［放弃（U）］：✓
命令：_trim
当前设置：投影=UCS，边=无
选择剪切边...
选择对象或 <全部选择>：✓ （选择所有物体）
选择要修剪的对象，或按住 Shift 键选择要延伸的对象，或［栏选（F）/窗交（C）/投影（P）/边（E）/删除（R）/放弃（U）］： （逐一单击要剪切的对象）

步骤七 绘制直线间的圆弧连接，如图 2-29 所示。圆弧连接命令可以用来绘制直线与直线、直线与圆弧、圆弧与圆弧之间的圆弧连接。下面结合绘制圆弧为例，说明圆弧连接命令的使用。

命令：_fillet✓
当前设置：模式 = 修剪，半径 = 0.0000
选择第一个对象或［放弃（U）/多段线（P）/半径（R）/修剪（T）/多个（M）］：r✓
指定圆角半径<0.0000>：4✓
选择第一个对象或［放弃（U）/多段线（P）/半径（R）/修剪（T）/多个（M）］：
（单击选取 P1）
选择第二个对象，或按住 Shift 键选择对象以应用角点或［半径（R）］：
（单击选取 P2）
命令：_fillet✓
当前设置：模式 = 修剪，半径 = 4.0000
选择第一个对象或［放弃（U）/多段线（P）/半径（R）/修剪（T）/多个（M）］：
（单击选取 P2）
选择第二个对象，或按住 Shift 键选择对象以应用角点或［半径（R）］：
（单击选取 P3）
命令：_fillet✓
当前设置：模式 = 修剪，半径 = 4.0000
选择第一个对象或［放弃（U）/多段线（P）/半径（R）/修剪（T）/多个（M）］：r✓
指定圆角半径<4.0000>：5✓

选择第一个对象或［放弃（U）/多段线（P）/半径（R）/修剪（T）/多个（M）］：

（单击选取 P4）

选择第二个对象，或按住 Shift 键选择对象以应用角点或［半径（R）］：

（单击选取 P5）

命令：_fillet↙

当前设置：模式 = 修剪，半径 = 5.0000

选择第一个对象或［放弃（U）/多段线（P）/半径（R）/修剪（T）/多个（M）］：r↙

指定圆角半径<5.0000>：8↙

选择第一个对象或［放弃（U）/多段线（P）/半径（R）/修剪（T）/多个（M）］：

（单击选取 P6）

选择第二个对象，或按住 Shift 键选择对象以应用角点或［半径（R）］：

（单击选取 P7）

这样就完成了全图。

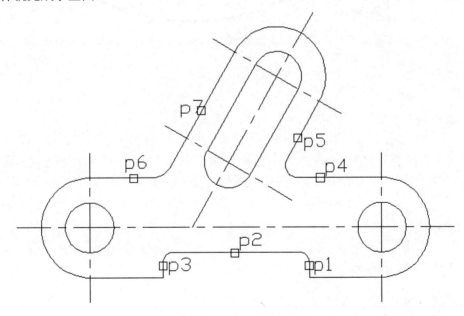

图 2-29　绘制直线间的圆弧连接

大家知道，在手工画平面图形时，圆弧连接是比较费时间的，而且也不好画。通过上例，我们已经掌握了用圆弧连接命令来画两直线间的圆弧连接，非常简便。其实圆弧连接命令还可以画直线与圆弧以及两圆弧之间的圆弧连接。还有一个画连接圆弧的办法，就是用画圆命令中的 TTR（相切、相切、半径）选项，执行这个选项后，AutoCAD 会询问与其相切的第一个目标、第二个目标、半径，逐一应答后，就会画出一个符合条件的圆，再用修剪命令把多余的部分剪掉就可以了。下面就通过绘制手柄平面图形来体会一下连接圆弧的画法。

任务 2.3　手柄平面图形的绘制

任务引入

根据要求在 AutoCAD 中绘制如图 2-30 所示图形，免标注。

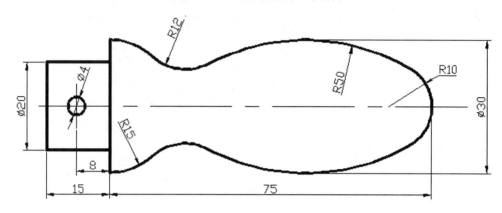

图 2-30　手柄

任务分析

这是一个手柄的平面图。由任务 2.2 我们已经初步掌握了平面图形的绘制方法，通过本任务可以进一步加深对在平面图形中绘制圆弧连接的认识。

相关知识

一、矩形（Rectang）命令

1. 命令格式

🐾单击"绘图"工具栏 ☐ 按钮

🐾单击下拉菜单 绘图 → 矩形 。

⌨输入命令"Rectang"。

2. 命令说明

这一命令允许用户直接给出矩形对角线顶点坐标来绘图。

单击"绘图"工具栏的 ☐ 按钮，则命令窗口中可看到如下选项。

命令：_rectang✓

指定第一个角点或 [倒角（C）/标高（E）/圆角（F）/厚度（T）/宽度（W）]：P1✓

（给出矩形的一个角点）

指定另一个角点：P2✓　　　　　　　（给出矩形与上一个点对应的对角点）

图形如图 2-31（a）所示。

（1）绘制由用户设定生成矩形的倒角，如图 2-31（b）所示。

倒角（C）/标高（E）/圆角（F）/厚度（T）/宽度（W）：c✓

指定矩形的第一个倒角距离 <0.0000>：4　　　　（X 方向的倒角距离）

指定矩形的第二个倒角距离 <4.0000>：4　　　　（Y 方向的倒角距离）

（2）绘制由用户设定生成矩形的倒圆，如图 2-31（c）所示。

倒角（C）/标高（E）/圆角（F）/厚度（T）/宽度（W）：f✓

指定矩形的圆角半径 <0.0000>：4　　　　　　　　（设定倒圆半径）

（3）绘制由用户设定线条宽度的矩形，如图 2-31（d）所示。

倒角（C）/标高（E）/圆角（F）/厚度（T）/宽度（W）：w✓

指定矩形的线宽 <0.0000>：2✓　　　　　　　　（线条宽度）

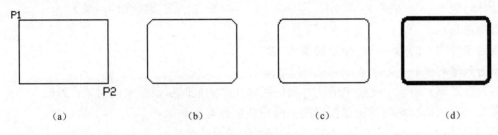

|（a）|（b）|（c）|（d）|

图 2-31　矩形命令

二、移动（Move）命令

为了在一张图纸上调整各实体的相对位置和绝对位置，常常需要移动图形或文本的位置，移动命令能帮助用户完成实体的位置移动。

1. 命令格式

✺单击“绘图”工具栏✛按钮。

✺单击下拉菜单 修改 → 移动 。

▦输入命令“Move”。

2. 命令说明

用上述三种方式中的任意一种输入，则 AutoCAD 将有如下提示。

选择对象：　　　　　　　　　　　　　　　　（单击选取要移动的对象）

选择对象✓

指定基点或 [位移（D）]：

在该提示下可有两种选择：

（1）若选一点为基点，此时 AutoCAD 将继续提示。

另外一点：

则 AutoCAD 将所选的对象沿当前位置给定两点确定的位移矢量进行移动。

（2）若输入位移，此时 AutoCAD 将继续提示。

另外一点：

则 AutoCAD 将所选的对象从当前位置按所输入的位移矢量进行移动。

三、镜像（Mirror）命令

在绘图过程中常需绘制对称图形，调用镜像命令可以帮助用户完成对称图形的绘制。

1. 命令格式

◈单击"修改"工具栏 ▲ 按钮

◈单击下拉菜单 修改 → 镜像 。

⌨输入命令"Mirror"。

2. 命令说明

用上述三种方式中的任意一种输入，则 AutoCAD 将有如下提示。

选择对象：   （单击选取要镜像的对象）

选择对象：✓

指定镜像线上的第一点：指定镜像线上的第二点：

是否删除对象？［是（Y）/否（N）]〈N〉：

若直接回车，则表示在绘出所选对象的镜像图形的同时保留原来的对象；若输入"Y"后再回车，则绘出所选对象的镜像图形的同时还要把原对象删除掉。

【示例】用 Mirror 命令将图 2-32（a）所示的圆弧镜像成图 2-32（b）所示的形状。

命令：_mirror

选择对象：找到 1 个   {单击选取图 2-32（a）中的圆弧}

选择对象：✓

指定镜像线的第一点：   （单击选取圆弧的左端点）

指定镜像线的第二点：   （单击选取圆弧的右端点）

要删除源对象吗？[是（Y）/否（N）] <N>：y✓

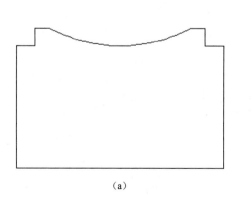
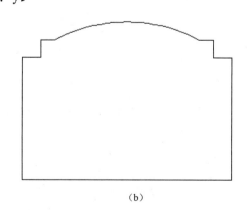

（a）   （b）

图 2-32　镜像圆弧

四、延伸（Extend）命令

可认为延伸命令与修剪命令相反，用延伸命令可以拉长或延伸直线或弧，使它与其他实体相接，延伸命令的具体操作与修剪命令相似。

1．命令格式

🐾单击"修改"工具栏的 ⊸ 按钮。

🐾单击下拉菜单 修改 → 延伸 。

⌨输入命令"Extend"。

2．命令说明

用上述三种方式中的任意一种输入，则 AutoCAD 将有如下提示。

当前设置：投影=UCS，边=无

选择边界的边...

选择对象或 <全部选择>：（选择实体对象作为剪切边界）选择一个或多个对象并按 Enter 键，或者按 Enter 键选择所有显示的对象

选择要延伸的对象，或按住 Shift 键选择要修剪的对象，或 [栏选（F）/窗交（C）/投影（P）/边（E）/放弃（U）]：（选取需要延伸的对象靠近延伸边界的部分）

选择要延伸的对象，或按住 Shift 键选择要修剪的对象，或 [栏选（F）/窗交（C）/投影（P）/边（E）/放弃（U）]：✓

任务实施

要画好平面几何图形，仅仅用前面的绘图命令还不够，下面就配合绘制平面几何图形来学习目标捕捉工具及常用的修改命令。

步骤一　绘制图样上的中心线，如图 2-33（a）所示。

打开前面创建的 A3 样板图文件，进入图层 4。

命令：_line 指定第一点：-20，0 ✓

指定下一点或 [放弃（U）]：80，0 ✓

指定下一点或 [放弃（U）]：✓

命令：_line 指定第一点：-8，5 ✓

指定下一点或 [放弃（U）]：-8，-5 ✓

指定下一点或 [放弃（U）] ✓

步骤二　绘制图样上的一条直线，如图 2-33（b）所示。

进入图层 1。

命令：_line 指定第一点：0，15 ✓

指定下一点或 [放弃（U）]：0，=15 ✓

指定下一点或 [放弃（U）] ✓

步骤三　绘制图样上的一个圆，如图 2-33（c）所示。

命令：_circle

指定圆的圆心或 [三点（3P）/两点（2P）/切点、切点、半径（T）]：0，0 ✓

指定圆的半径或 [直径（D）]：15 ✓

步骤四　修剪圆，如图 2-33（d）所示。

命令：_trim ✓

当前设置：投影=UCS，边=无

选择剪切边...

选择对象或<全部选择>：↙

选择要修剪的对象，或按住 Shift 键选择要延伸的对象，或［栏选（F）/窗交（C）/投影（P）/边（E）/删除（R）/放弃（U）］：　　　　　　　　（单击选取圆的左半边）

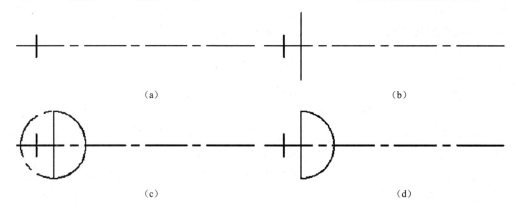

图 2-33　步骤一～四

步骤五　绘制图样中左边的矩形，如图 2-34（a）所示。

命令：_rectang↙

指定第一个角点或［倒角（C）/标高（E）/圆角（F）/厚度（T）/宽度（W）］：−15,−10↙

指定另一个角点或［面积（A）/尺寸（D）/旋转（R）］：0,10↙

步骤六　绘制图样中左边的小圆，如图 2-34（b）所示。

命令：_circle 指定圆的圆心或［三点（3P）/两点（2P）/切点、切点、半径（T）］：（单击选取两中心线的交点）

指定圆的半径或［直径（D）］<15.0000>：2↙

步骤七　绘制图样中右边的 R10 圆，如图 2-34（c）所示。

命令：_circle 指定圆的圆心或［三点（3P）/两点（2P）/切点、切点、半径（T）］：65,0↙

指定圆的半径或［直径（D）］<2.0000>：10↙

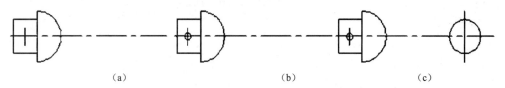

图 2-34　步骤五～七

步骤八　绘制图样中的 R50 圆弧，如图 2-35 所示。

（1）先作辅助线，选择中心线偏移复制。

命令：_offset↙

当前设置：删除源=否　图层=源　OFFSETGAPTYPE=0

指定偏移距离或［通过（T）/删除（E）/图层（L）］<10.0000>：　15↙

（2）用相切、相切、半径的方法绘制圆。

命令：_circle 指定圆的圆心或［三点（3P）/两点（2P）/切点、切点、半径（T）］：t↙

指定对象与圆的第一个切点：　　　　　　（单击选取右边 R10 的小圆）

指定对象与圆的第二个切点：　　　　　　（单击选取刚才偏移复制的辅助线）

指定圆的半径 <10.0000>：50↙

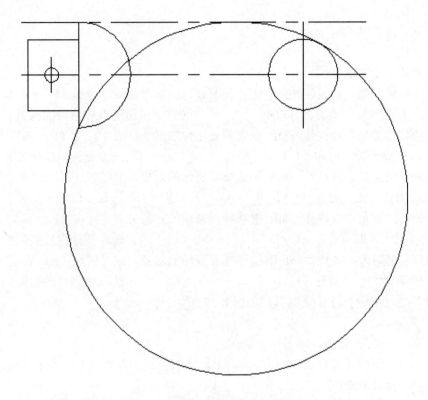

图 2-35　步骤八

步骤九　删除辅助线，修剪图样上的圆 R50 及 R10，如图 2-36 所示。

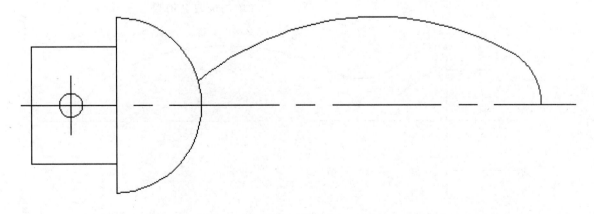

图 2-36　步骤九

（1）删除辅助线。

命令：_erase↙

选择对象：找到 1 个 （单击选取偏移复制的辅助线）

选择对象：↙

（2）修剪圆弧。

命令：_trim↙

当前设置：投影=UCS，边=无

选择剪切边...

选择对象或 <全部选择>：↙

选择要修剪的对象，或按住 Shift 键选择要延伸的对象，或［栏选（F）/窗交（C）/投影（P）/边（E）/删除（R）/放弃（U）］： （逐一单击选取要修剪的圆弧）

选择要修剪的对象，或按住 Shift 键选择要延伸的对象，或［栏选（F）/窗交（C）/投影（P）/边（E）/删除（R）/放弃（U）］： （逐一单击选取要修剪的圆弧）

选择要修剪的对象，或按住 Shift 键选择要延伸的对象，或［栏选（F）/窗交（C）/投影（P）/边（E）/删除（R）/放弃（U）］： （逐一单击选取要修剪的圆弧）

选择要修剪的对象，或按住 Shift 键选择要延伸的对象，或［栏选（F）/窗交（C）/投影（P）/边（E）/删除（R）/放弃（U）］： （逐一单击选取要修剪的圆弧）

选择要修剪的对象，或按住 Shift 键选择要延伸的对象，或［栏选（F）/窗交（C）/投影（P）/边（E）/删除（R）/放弃（U）］： （逐一单击选取要修剪的圆弧）

步骤十 绘制图样中的 R12 圆弧，如图 2-37 所示。

命令：_fillet↙

当前设置：模式 = 修剪，半径 = 0.0000

选择第一个对象或［放弃（U）/多段线（P）/半径（R）/修剪（T）/多个（M）］：r↙

指定圆角半径<0.0000>：12↙

选择第一个对象或［放弃（U）/多段线（P）/半径（R）/修剪（T）/多个（M）］：

（单击选取 R15 圆）

选择第二个对象，或按住 Shift 键选择对象以应用角点或［半径（R）］：

（单击选取 R50 圆）

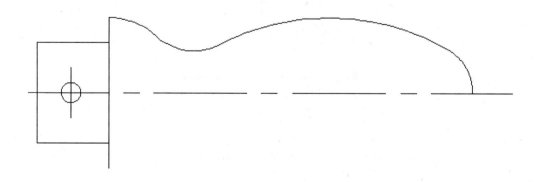

图 2-37 步骤十

步骤十一 镜像图样中的圆弧，如图 2-38 所示。

命令：_mirror↙

选择对象：找到 1 个 （单击选取 R15 的圆）

选择对象：找到 1 个，总计 2 个 （单击选取 R12 圆）

选择对象：找到 1 个，总计 3 个 （单击选取 R50 圆）

选择对象：找到 1 个，总计 4 个 （单击选取 R10 圆）

选择对象：↙

指定镜像线的第一点： （单击选取中心线的左端）

指定镜像线的第二点： （单击选取中心线的右端）

要删除源对象吗？[是（Y）/否（N）] <N>：↙

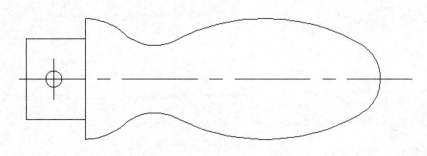

图 2-38 步骤十一

任务 2.4 时钟平面图形的绘制

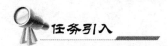任务引入

根据要求在 AutoCAD 中绘制如图 2-39 所示图形，免标注。

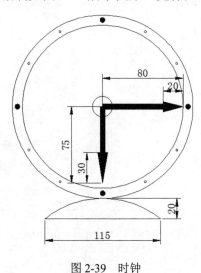

图 2-39 时钟

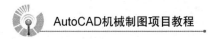

 任务分析

这是一个时钟的平面图，3 个同心圆的直径分别为 20mm、160mm、180mm，在距离圆心 85mm 的 4 个象限点处分别为 4 个内径为 0、外径为 5mm 的圆环，另有 8 个均匀分布的直径为 2mm 的小圆。图形的下方为直线和圆弧，圆弧与直径为 180mm 的圆相切，圆弧的弦长为 115mm，高度为 20mm。竖直箭头的线宽度为 6mm，水平箭头线宽度为 5mm，箭头起点宽度为 10mm、终点宽度为 0。

 相关知识

一、圆环（Donut）命令

1. 命令格式

🔅 单击下拉菜单 绘图 → 圆环。

▨ 输入命令"Donut"。

2. 命令说明

命令窗口中可看到如下选项。

命令：_donut

指定圆环的内径<0.0000>：　　　　　　　　　　　　（输入圆环的内径数值）

指定圆环的外径<5.0000>：　　　　　　　　　　　　（输入圆环的外径数值）

指定圆环的中心点或 <退出>：　　　　　　　　　　　（输入圆环的中心点的坐标值）

二、阵列（Array）命令

在一张图样中，当需要把一个实体组成矩形方阵或环形阵时，阵列命令可帮助完成。

1. 命令格式

🔅 单击"修改"工具栏 ▦ 按钮

🔅 单击下拉菜单 修改 → 阵列 →
▦	矩形阵列
⌐⌐	路径阵列
▧	环形阵列
。

▨ 输入命令"Array"。

2. 命令说明

命令：ARRAY

选择对象：　　　　　　　　　　　　　　　　　　（单击要阵列的对象）

选择对象：　　　　　　　　　　　　　　　（继续选择，选择结束按 Enter 键）

输入阵列类型［矩形（R）/路径（PA）/极轴（PO）]<矩形>：　输入"R"可进行矩形阵列，输入"PA"可按路径阵列，输入"PO"可进行环形阵列。

【示例】 绘制如图 2-40 所示图形。

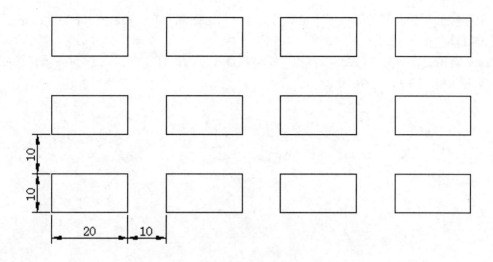

图 2-40 矩形阵列

先绘制一个长 20、高 10 的矩形。

命令：_arrayrect

选择对象：找到 1 个　　　　　　　（单击选取刚才绘制的矩形）

选择对象：✓

类型 = 矩形　关联 = 是

为项目数指定对角点或［基点（B）/角度（A）/计数（C）］<计数>：✓

输入行数或［表达式（E）］<4>：3✓

输入列数或［表达式（E）］<4>：4✓

指定对角点以间隔项目或［间距（S）］<间距>：✓

指定行之间的距离或［表达式（E）］<0>：20✓

指定列之间的距离或［表达式（E）］<0>：30✓

按 Enter 键接受或［关联（AS）/基点（B）/行（R）/列（C）/层（L）/退出（X）］<退出>：✓

【示例】 绘制如图 2-41 所示图形。

先用圆弧命令绘制一个半径为 50、角度为 150° 的圆弧，再在圆弧左端点绘制一个直径为 10 的圆。

命令：_arraypath

选择对象：找到 1 个　　　　　　　（单击选取刚才绘制的圆）

选择对象：

类型 = 路径　关联 = 是

选择路径曲线：　　　　　　　　　（单击选取刚才绘制的圆弧）

输入沿路径的项数或［方向（O）/表达式（E）］<方向>：✓

指定基点或［关键点（K）］<路径曲线的终点>：✓

指定与路径一致的方向或［两点（2P）/法线（NOR）］<当前>：✓

输入沿路径的项目数或［表达式（E）］<4>：5✓

指定沿路径的项目之间的距离或［定数等分（D）/总距离（T）/表达式（E）］<沿路径平均定数等分（D）>:

按 Enter 键接受或［关联（AS）/基点（B）/项目（I）/行（R）/层（L）/对齐项目（A）/Z 方向（Z）/退出（X）］<退出>: ↙

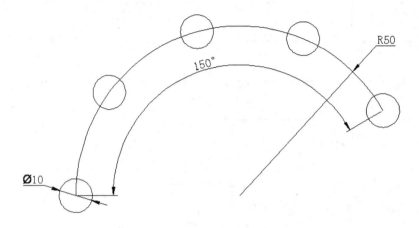

图 2-41　路径阵列

【示例】　绘制如图 2-42 所示图形。

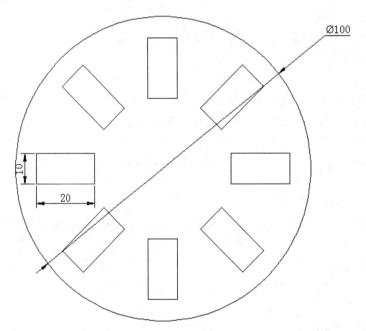

图 2-42　环形阵列

先绘制一个长 20、高 10 的矩形，再绘制一个直径为 100 的圆。

命令：ARRAYPOLAR

选择对象：找到 1 个　　　　　　　　　　　　　　　　　　（单击选取刚才绘制的矩形）

选择对象：↙

类型 = 极轴　关联 = 是

指定阵列的中心点或［基点（B）/旋转轴（A）］：（单击选取刚才绘制的圆的圆心）

输入项目数或［项目间角度（A）/表达式（E）］<4>：8✓

指定填充角度（+=逆时针、-=顺时针）或［表达式（EX）］<360>：✓

按 Enter 键接受或［关联（AS）/基点（B）/项目（I）/项目间角度（A）/填充角度（F）/行（ROW）/层（L）/旋转项目（ROT）/退出（X）］✓

三、多段线（Pline）命令

1. 命令格式

🏵单击下拉菜单 绘图 → 多段线 。

💾输入命令"Pline"。

2. 命令说明

二维多段线是作为单个平面对象创建的相互连接的线段序列。这一命令可以创建直线段、圆弧段或两者的不同宽度的组合线段。

命令：_pline

指定起点：

当前线宽为 0.0000

指定下一个点或［圆弧（A）/半宽（H）/长度（L）/放弃（U）/宽度（W）］：w
　　　　　　　　　　　　　　　　　　（改变线段的宽度）

指定起点宽度 <0.0000>：　　　　　　　（输入起点的宽度）

指定端点宽度 <0.0000>：　　　　　　　（输入终点的宽度）

指定下一个点或［圆弧（A）/半宽（H）/长度（L）/放弃（U）/宽度（W）］：

 任务实施

步骤一　绘制 3 个同心圆，如图 2-43 所示。

打开前面创建的 A3 样板图文件，进入图层 1。

命令：_circle ✓

指定圆的圆心或［三点（3P）/两点（2P）/切点、切点、半径（T）］：0,0✓

指定圆的半径或［直径（D）］<1.0000>：10✓

命令：✓

CIRCLE 指定圆的圆心或［三点（3P）/两点（2P）/切点、切点、半径（T）］：0,0✓

指定圆的半径或［直径（D）］<10.0000>：80✓

命令：✓

CIRCLE 指定圆的圆心或［三点（3P）/两点（2P）/切点、切点、半径（T）］：0,0✓

指定圆的半径或［直径（D）］<80.0000>：90✓

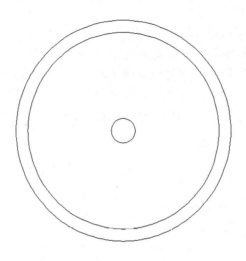

图 2-43　绘制同心圆

步骤二　绘制 12 个小圆，如图 2-44 所示。

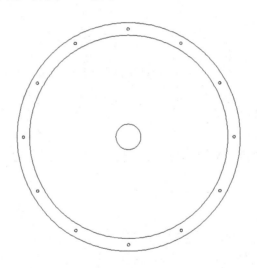

图 2-44　绘制 12 个小圆

命令：_circle ✓

指定圆的圆心或 [三点（3P）/两点（2P）/切点、切点、半径（T）]：85,0✓

指定圆的半径或 [直径（D）] <1.0000>：1✓

命令：_arraypolar

选择对象：L✓

找到 1 个✓

选择对象：✓

类型 = 极轴　关联 = 是

指定阵列的中心点或 [基点（B）/旋转轴（A）]：0,0✓

输入项目数或 [项目间角度（A）/表达式（E）] <4>：12✓

指定填充角度（+=逆时针、-=顺时针）或［表达式（EX）］<360>：✓

按 Enter 键接受或［关联（AS）/基点（B）/项目（I）/项目间角度（A）/填充角度（F）/行（ROW）/层（L）/旋转项目（ROT）/退出（X）］<退出>：✓

步骤三 绘制 4 个圆环，如图 2-45 所示。

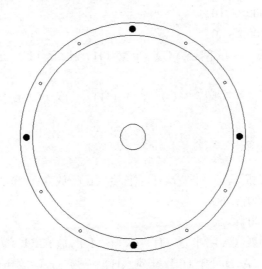

图 2-45 绘制 4 个圆环

命令：_donut

指定圆环的内径<1.0000>：0✓

指定圆环的外径<5.0000>：5✓

指定圆环的中心点或<退出>：85,0✓

指定圆环的中心点或<退出>：✓

命令：_arraypolar

选择对象：L✓

找到 1 个✓

选择对象：✓

类型 = 极轴 关联 = 是

指定阵列的中心点或［基点（B）/旋转轴（A）］：0,0✓

输入项目数或［项目间角度（A）/表达式（E）］<4>：4✓

指定填充角度（+=逆时针、-=顺时针）或［表达式（EX）］<360>：✓

按 Enter 键接受或［关联（AS）/基点（B）/项目（I）/项目间角度（A）/填充角度（F）/行（ROW）/层（L）/旋转项目（ROT）/退出（X）］<退出>：✓

步骤四 绘制箭头线及箭头，如图 2-46 所示。

命令：_pline

指定起点：0,0✓

当前线宽为 0.0000

指定下一个点或［圆弧（A）/半宽（H）/长度（L）/放弃（U）/宽度（W）］：w✓

指定起点宽度 <0.0000>：5✓

指定端点宽度 <5.0000>：✓

指定下一个点或 [圆弧（A）/半宽（H）/长度（L）/放弃（U）/宽度（W）]：60,0✓

指定下一点或 [圆弧（A）/闭合（C）/半宽（H）/长度（L）/放弃（U）/宽度（W）]：w✓

指定起点宽度 <5.0000>：10✓

指定端点宽度 <10.0000>：0✓

指定下一点或 [圆弧（A）/闭合（C）/半宽（H）/长度（L）/放弃（U）/宽度（W）]：@20,0✓

指定下一点或 [圆弧（A）/闭合（C）/半宽（H）/长度（L）/放弃（U）/宽度（W）]：✓

命令：_pline

指定起点：0,0✓

当前线宽为 0.0000

指定下一个点或 [圆弧（A）/半宽（H）/长度（L）/放弃（U）/宽度（W）]：w✓

指定起点宽度 <0.0000>：6✓

指定端点宽度 <6.0000>：✓

指定下一个点或 [圆弧（A）/半宽（H）/长度（L）/放弃（U）/宽度（W）]：0,-45✓

指定下一点或 [圆弧（A）/闭合（C）/半宽（H）/长度（L）/放弃（U）/宽度（W）]：w✓

指定起点宽度 <6.0000>：10✓

指定端点宽度 <10.0000>：0✓

指定下一点或 [圆弧（A）/闭合（C）/半宽（H）/长度（L）/放弃（U）/宽度（W）]：@0,-30✓

指定下一点或 [圆弧（A）/闭合（C）/半宽（H）/长度（L）/放弃（U）/宽度（W）]：✓

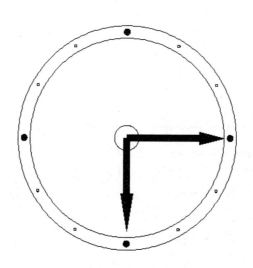

图 2-46　绘制箭头线及箭头

步骤五　绘制图样下方的圆弧和直线，结果如图 2-47 所示。

命令：_line 指定第一点：-57.5,-110
指定下一点或 [放弃 (U)]：@115,0
指定下一点或 [放弃 (U)]：
命令：_arc 指定圆弧的起点或 [圆心 (C)]：-57.5,-110
指定圆弧的第二个点或 [圆心 (C) /端点 (E)]：@57.5,20
指定圆弧的端点：@57.5,-20

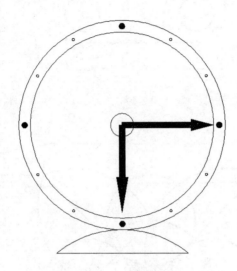

图 2-47 绘制圆弧和直线

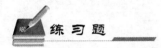

在 AutoCAD 中绘制如图 2-48～图 2-62 所示的图形（暂不用标注尺寸）。

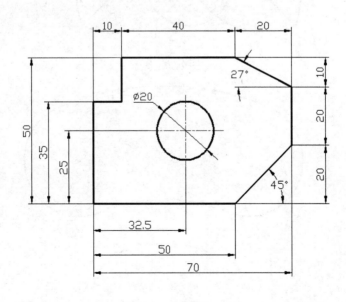

图 2-48 练习 1

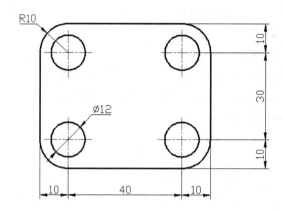

图 2-49　练习 2

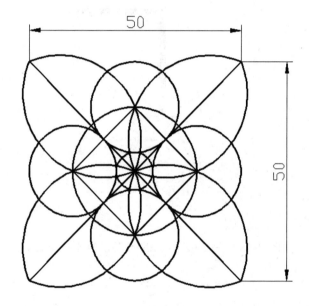

图 2-50　练习 3

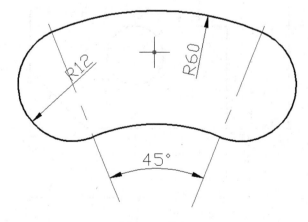

图 2-51　练习 4

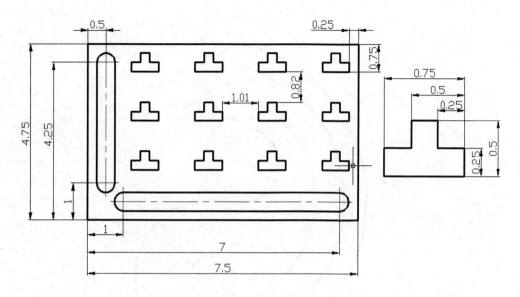

图 2-52 练习 5

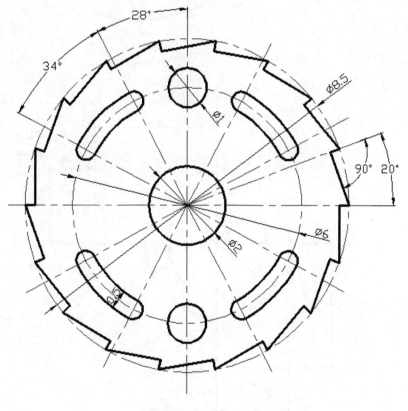

图 2-53 练习 6

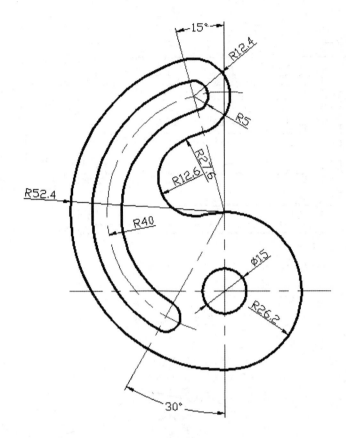

图 2-54　练习 7

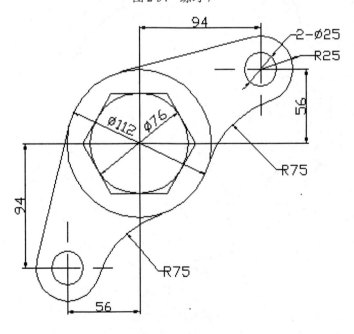

图 2-55　练习 8

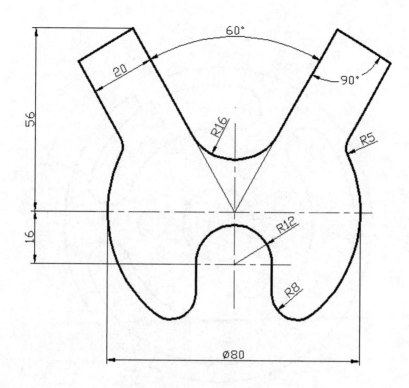

图 2-56　练习 9

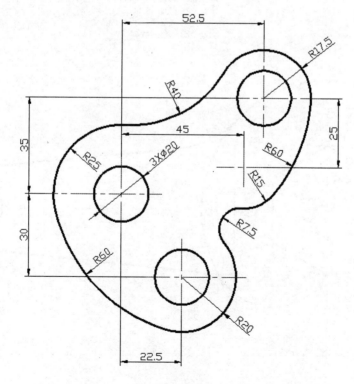

图 2-57　练习 10

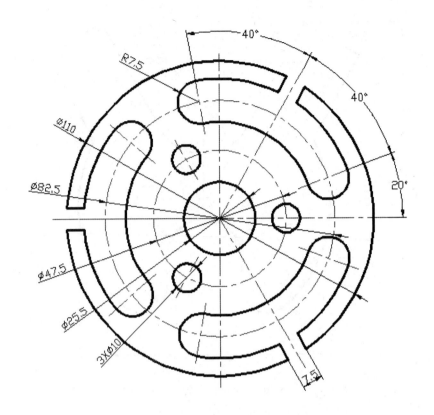

图 2-58　练习 11

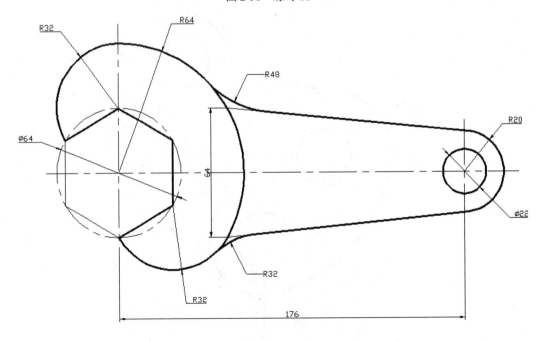

图 2-59　练习 12

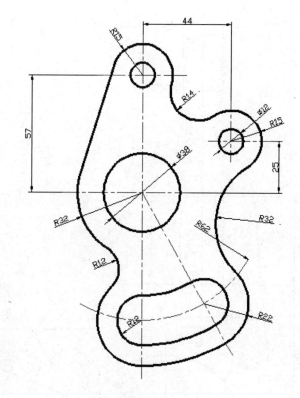

图 2-60　练习 13

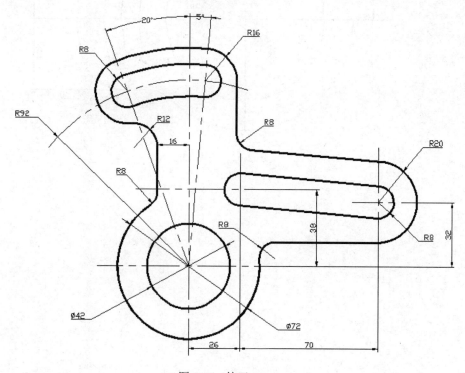

图 2-61　练习 14

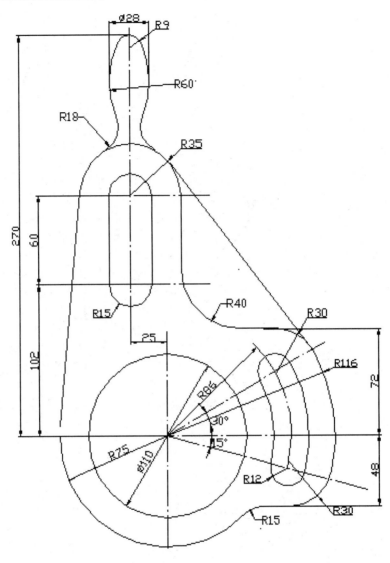

图 2-62　练习 15

物体视图的绘制

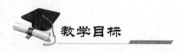
教学目标

1. 熟练应用 AutoCAD 的绘图和编辑类命令。
2. 学习用 AutoCAD 的命令绘制物体视图形的方法和技巧。
3. 熟悉 AutoCAD 的显示类命令和夹点命令的操作和使用。
4. 学习互相配合的组合体视图的绘制方式

任务 3.1 简单物体视图的绘制

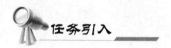
任务引入

根据要求在 AutoCAD 中绘制如图 3-1 所示的图形，免标注。

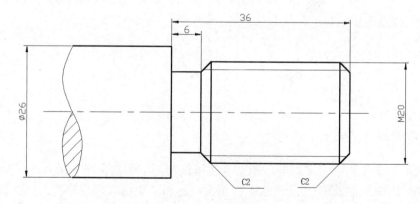

图 3-1 绘制简单物体视图

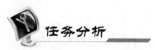
任务分析

这是一个较简单的物体视图案例。根据图示分析，图形由直线和曲线及剖面线组成，其中左边的曲线及剖面线的绘制为本项目的重点和难点。

 相关知识

一、样条曲线（Spline）命令

Spline 创建称为"非均匀有理 B 样条曲线（NURBS）"的曲线，为简便起见，称为样条曲线，它可创建经过或靠近一组拟合点或由控制框的顶点定义的平滑曲线。

样条曲线使用拟合点或控制点进行定义。默认情况下，拟合点与样条曲线重合，而控制点定义控制框。控制框提供了一种便捷的方法，用来设置样条曲线的形状。

1．命令格式

🔊单击"绘图"工具栏的～按钮。

🔊单击下拉菜单 绘图 → 样条曲线 。

⌨输入命令"Spline"。

2．命令说明

命令：_spline

当前设置：方式=拟合　节点=弦

指定第一个点或 ［方式（M）/节点（K）/对象（O）］　　　　　　　　　　（单击 A 点）

输入下一个点或 ［起点切向（T）/公差（L）］　　　　　　　　　　　　（单击 B 点）

输入下一个点或 ［端点相切（T）/公差（L）/放弃（U）］　　　　　　　（单击 C 点）

输入下一个点或 ［端点相切（T）/公差（L）/放弃（U）/闭合（C）］　　（单击 D 点）

输入下一个点或 ［端点相切（T）/公差（L）/放弃（U）/闭合（C）］　　（单击 E 点）

输入下一个点或 ［端点相切（T）/公差（L）/放弃（U）/闭合（C）］　　（单击 F 点）

输入下一个点或 ［端点相切（T）/公差（L）/放弃（U）/闭合（C）］↙

操作结果如图 3-2 所示。

图 3-2　样条曲线命令绘制结果

二、图案填充（Hatch）命令

在实际图形绘制过程中，常把某种图案（如机械制图中的剖面线）填入某一指定区域，我们把这一操作称为图案填充。AutoCAD 有图案填充和渐变色填充两种模式，我们主要应用的是图案填充。下面学习用对话框方式通过图案填充命令来确定填充图案和填充范围，完成视图中的剖面线的绘制。

1．命令格式

🔊单击"绘图"工具栏的 按钮。

🔊单击下拉菜单 绘图 → 图案填充 。

⌨输入命令" Hatch"。

2. 命令说明

通过上述命令操作，AutoCAD 会弹出如图 3-3 所示的"图案填充和渐变色"对话框。

图 3-3 "图案填充和渐变色"对话框

（1）当进行图案填充时，首先要确定填充的边界，定义边界的对象只能是直线、双向射线、单向射线、多义线、样条曲线、圆、圆弧、椭圆、椭圆弧、面域等对象或用这些对象定义的块。作为边界的对象在当前屏幕上必须全部可见。

图案填充命令确定填充范围的方式有两种：拾取点和选取对象。

① 拾取点方式：单击图 3-3 所示对话框右上角"边界"选项组中的按钮⊞"添加：拾取点"。该方式要求填充对象必须是一个闭合的区域，应用时系统提示用户用鼠标在闭合的区域内拾取一个点，以虚线形式显示用户选中的闭合区域的边界。

图 3-4（a）所示图形是一个闭合的区域，我们用鼠标在闭合的区域内拾取一个点，该区域的 4 条边作为填充边界被选中，显示为虚线。图 3-4（b）所示图形不是一个闭合的区域，我们用鼠标在区域内拾取一个点，结果系统提示"边界定义错误"，并弹出如图 3-5 所示提示。

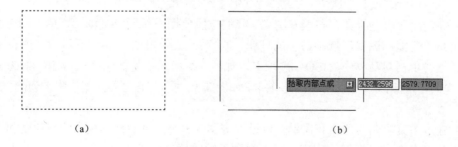

（a）　　　　　　　　　　　　　（b）

图 3-4 用拾取点方式确定图案填充的边界

② 选择对象方式：单击图 3-3 所示对话框右上角"边界"选项组中的按钮⊞"添加：选择对象"。该方式要求用户逐一单击选取图案填充的边界对象，选中的边界对象以虚线形式显示。

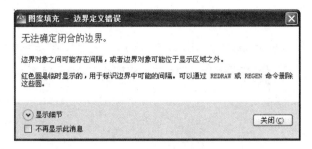

图 3-5　边界定义错误提示

图 3-6（a）所示图形是一个闭合的区域，图 3-6（b）不是一个闭合的区域，我们可以逐一单击选择图案填充的边界对象。边界选择结束后，单击下方的"确定"按钮，则完成如图 3-7 所示的图案填充。

（a）　　　　　　　　　　　　　　　　　（b）

图 3-6　用选择对象方式确定图案填充的边界

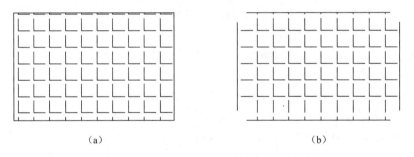

（a）　　　　　　　　　　　　　　　　　（b）

图 3-7　用选择对象方式进行图案填充的结果

（2）确定图案填充的类型和填充图案。我们一般使用系统预定义图案，单击图 3-3 所示对话框左上角"类型和图案"选项组中的按钮 ... ，系统会弹出如图 3-8 所示的"填充图案选项板"对话框，单击对话框中"ISO"选项卡，如图 3-9 所示；如需选择机械图样中的金属剖面线图案，则单击对话框中的"ANSI"选项卡，如图 3-10 所示，选择第 1 行、第 1 列的"ANSI31"即可。

（3）确定图案填充的角度和比例。通过改变图 3-3 所示对话框左边中间"角度和比例"选项组中"角度"和"比例"的数值，可以得到不同的填充效果。

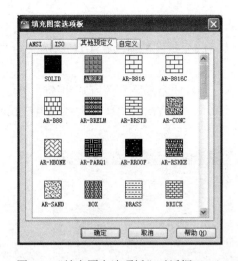

图 3-8 "填充图案选项板"对话框（一）

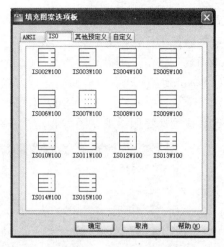

图 3-9 "填充图案选项板"对话框（二）

图 3-10 "填充图案选项板"对话框（三）

【示例】 绘制如图 3-11 所示图形。

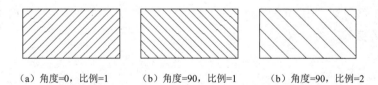

（a）角度=0，比例=1　　　　（b）角度=90，比例=1　　　　（b）角度=90，比例=2

图 3-11 图案填充的角度和比例

① 绘制 3 个长 50、高 25 的矩形。

② 单击"绘图"工具栏的 按钮，弹出图 3-3 所示对话框。

③ 选择填充图案名为"ANSI31"。

④ 单击右上角"边界"选项组中的按钮，单击第一个矩形内部的任一点。

⑤ 单击下方的"确定"按钮，得到图 3-11（a）所示图形（角度、比例为默认设置）。

重复操作①～④，单击第二个矩形内部的任一点，改变角度数值为"90"，比例不变，单击"确定"按钮，可得到图 3-11（b）所示图形。

重复操作①～④，单击第三个矩形内部的任一点，改变角度数值为"90"，比例改为"2"，单击"确定"按钮，可得到图 3-11（c）所示。

（4）AutoCAD 允许用户使用三种方式填充图案，即普通方式、外部方式和忽略方式。单击图 3-3 所示对话框右下角的 按钮，即如图 3-12 所示，右边出现"孤岛"选项组，我们可以通过各选项选择图案填充的方式，系统默认为"普通"方式。

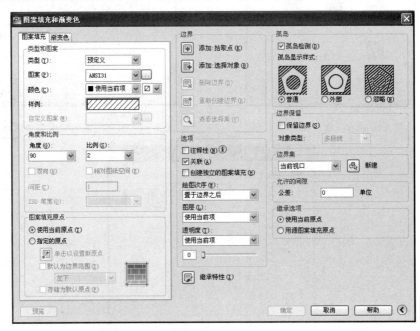

图 3-12　图案填充的三种方式

当使用"普通"方式进行图案填充时，如果在边界内遇到了一些特殊对象，如实体填充（SOLID）、等宽线（TRACK）、文本（TEXT）、形（SHAPE）和属性等，填充图案会自动断开，就像用一个比它们略大的看不见的框保护起来一样，使得这些对象更加清晰，如图 3-13 所示。

当填充图案经过块（BLOCK）时，AutoCAD 不再把块作为一个对象，而是把组成该块的所有成员当作各自独立的对象来对待。

图 3-13　图案填充与特殊对象的关系

（5）"关联"选项。所谓"关联"就是指图案填充完成以后，如果把边界修改了，则填充图案自动更新，如果不勾选"关联"，则边界修改后填充图案不变，如图 3-14 所示。

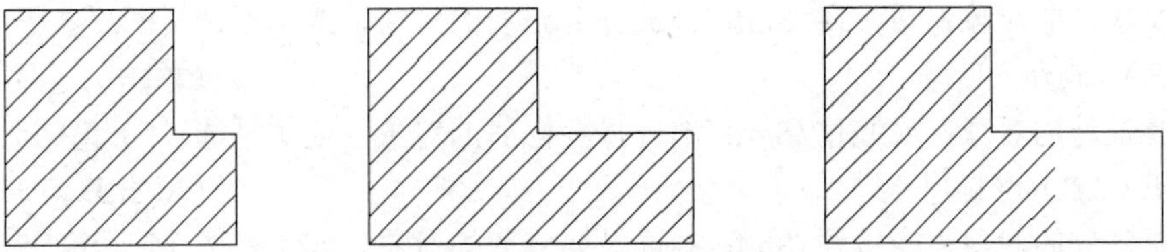

（a）原始图

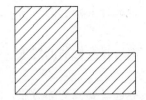

（b）"关联"填充拉伸后的图形

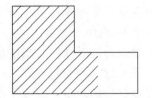

（c）不勾选"关联"填充拉伸后的图形

图 3-14 "关联"图案填充

 任务实施

步骤一 绘制中心线。

打开任务 1.3 所建立的 A3 样板图文件，进入图层 4。

命令：_line 指定第一点：0，0↙

指定下一点或 [放弃（U）] 70，0↙

指定下一点或 [放弃（U）] ↙

绘制结果如图 3-15 所示。

步骤二 绘制轮廓线。

进入图层 1。

命令：_line 指定第一点：5,0↙

指定下一点或 [放弃（U）] 5,13↙

指定下一点或 [闭合（C）/放弃（U）] 25,13↙

指定下一点或 [闭合（C）/放弃（U）] 25,8↙

指定下一点或 [闭合（C）/放弃（U）] 31,8↙

指定下一点或 [闭合（C）/放弃（U）] 31,10↙

指定下一点或 [闭合（C）/放弃（U）] 61,10↙

指定下一点或 [闭合（C）/放弃（U）] 61,0↙

指定下一点或 [闭合（C）/放弃（U）] ↙

绘制结果如图 3-16 所示。

图 3-15 步骤一

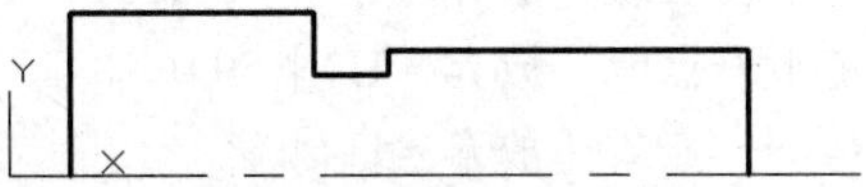

图 3-16 步骤二

步骤三 用"延伸"命令延伸中间的两条竖直线，如图 3-17 所示。

命令：_extend

当前设置：投影=UCS，边=无

选择边界的边...

选择对象或<全部选择>：找到 1 个　　　　　（单击中心线）

选择对象：↙

选择要延伸的对象，或按住 Shift 键选择要修剪的对象，或［栏选（F）/窗交（C）/投影（P）/边（E）/放弃（U）］ （单击 A 点）

选择要延伸的对象，或按住 Shift 键选择要修剪的对象，或［栏选（F）/窗交（C）/投影（P）/边（E）/放弃（U）］ （单击 B 点）

选择要延伸的对象，或按住 Shift 键选择要修剪的对象，或［栏选（F）/窗交（C）/投影（P）/边（E）/放弃（U）］ ✓

步骤四 用"倒角"命令编辑倒角，如图 3-18 所示。

命令：_chamfer

（"修剪"模式）当前倒角距离 1 = 0.0000，距离 2 = 0.0000

选择第一条直线或［放弃（U）/多段线（P）/距离（D）/角度（A）/修剪（T）/方式（E）/多个（M）］ D

指定 第一个 倒角距离 <0.0000>：2✓

指定 第二个 倒角距离 <2.0000>：✓

选择第一条直线或［放弃（U）/多段线（P）/距离（D）/角度（A）/修剪（T）/方式（E）/多个（M）］

选择第二条直线，或按住 Shift 键选择直线以应用角点或［距离（D）/角度（A）/方法（M）］

命令：_chamfer

（"修剪"模式） 当前倒角距离 1 = 2.0000，距离 2 = 2.0000

选择第一条直线或［放弃（U）/多段线（P）/距离（D）/角度（A）/修剪（T）/方式（E）/多个（M）］

选择第二条直线，或按住 Shift 键选择直线以应用角点或［距离（D）/角度（A）/方法（M）］

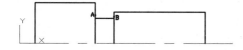 

图 3-17 步骤三　　　　　图 3-18 步骤四

步骤五 用"直线"命令绘制 2 条直线，如图 3-19 所示。

命令：_line 指定第一点：

指定下一点或［放弃（U）］ 59,10✓

指定下一点或［放弃（U）］59,0✓

指定下一点或［放弃（U）］✓

命令：_line 指定第一点：

指定下一点或［放弃（U）］ 33,10✓

指定下一点或［放弃（U）］33,0✓

指定下一点或［放弃（U）］✓

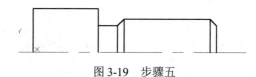

图 3-19 步骤五

步骤六　用"偏移"命令和"延伸"命令绘制螺纹牙底细实线。

（1）命令：_offset

当前设置：删除源=否　　图层=源　　OFFSETGAPTYPE=0

指定偏移距离或［通过（T）/删除（E）/图层（L）］<5.0000>：1.5↙

选择要偏移的对象，或［退出（E）/放弃（U）］<退出>：（单击 A 点）

指定要偏移的那一侧上的点，或［退出（E）/多个（M）/放弃（U）］<退出>：

（单击 A 点下方）

选择要偏移的对象，或［退出（E）/放弃（U）］<退出>：↙

（2）命令：_extend

当前设置：投影=UCS，边=无

选择边界的边...

选择对象或<全部选择>：↙

选择要延伸的对象，或按住 Shift 键选择要修剪的对象，或［栏选（F）/窗交（C）/投影（P）/边（E）/放弃（U）］　　　　　（单击刚才偏移复制的直线的左端点）

选择要延伸的对象，或按住 Shift 键选择要修剪的对象，或［栏选（F）/窗交（C）/投影（P）/边（E）/放弃（U）］　　　　　（单击刚才偏移复制的直线的右端点）

选择要延伸的对象，或按住 Shift 键选择要修剪的对象，或［栏选（F）/窗交（C）/投影（P）/边（E）/放弃（U）］↙

绘制结果如图 3-20 所示。

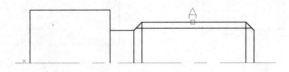

图 3-20　步骤六

（3）单击选中刚才偏移复制并延伸的线条，再单击"图层"工具栏中"图层控制"菜单的"细实线"层，如图 3-21 所示，最后按 Esc 键退出即可。

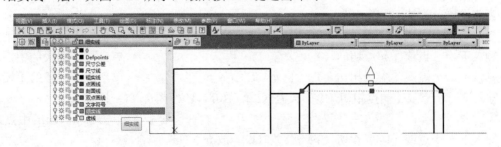

图 3-21　改变物体的属性

步骤七　用"镜像"命令编辑绘制另半边图形，如图 3-22 所示。

命令：_mirror

选择对象：指定对角点：找到 12 个（单击选取除中心线外的所有物体）

选择对象：↙

指定镜像线的第一点：（单击中心线左端点）

指定镜像线的第二点：（单击中心线右端点）

要删除源对象吗？［是（Y）/否（N）］ <N>：✓

步骤八 用"偏移"命令编辑绘制辅助线，如图3-23所示。

命令：_offset

当前设置：删除源=否　图层=源　OFFSETGAPTYPE=0

指定偏移距离或［通过（T）/删除（E）/图层（L）］<0.0000>：　2✓

选择要偏移的对象，或［退出（E）/放弃（U）］<退出>：　　（单击A点）

指定要偏移的那一侧上的点，或［退出（E）/多个（M）/放弃（U）］<退出>：

（单击A点下面任一点）

选择要偏移的对象，或［退出（E）/放弃（U）］<退出>：　　（单击B点）

指定要偏移的那一侧上的点，或［退出（E）/多个（M）/放弃（U）］<退出>：

（单击B点左面任一点）

选择要偏移的对象，或［退出（E）/放弃（U）］<退出>：　　（单击B点）

指定要偏移的那一侧上的点，或［退出（E）/多个（M）/放弃（U）］<退出>：

（单击B点右面任一点）

选择要偏移的对象，或［退出（E）/放弃（U）］<退出>：✓

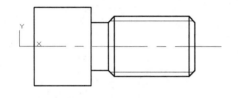

图3-22　步骤七　　　　　　　　　　　　　图3-23　步骤八

步骤九 用"样条曲线"命令绘制左端曲线，如图3-24所示。

进入图层2。

命令：_spline

当前设置：方式=拟合　节点=弦

指定第一个点或［方式（M）/节点（K）/对象（O）］　　（单击中上线段的上端点）

输入下一个点或［起点切向（T）/公差（L）］　　（单击左上线段的中点）

输入下一个点或［端点相切（T）/公差（L）/放弃（U）］　　（单击中上线段的下端点）

输入下一个点或［端点相切（T）/公差（L）/放弃（U）/闭合（C）］

（单击右下线段的中点）

输入下一个点或［端点相切（T）/公差（L）/放弃（U）/闭合（C）］

（单击中下线段的下端点）

输入下一个点或［端点相切（T）/公差（L）/放弃（U）/闭合（C）］

（单击左下线段的中点）

输入下一个点或［端点相切（T）/公差（L）/放弃（U）/闭合（C）］

（单击中上线段的下端点）

输入下一个点或［端点相切（T）/公差（L）/放弃（U）/闭合（C）］↙

步骤十 用"删除"命令删除左端的辅助直线，如图3-25所示。

命令：_erase

选择对象：找到1个　　　　　　　　　　　　（单击中上线段）

选择对象：找到1个，总计2个　　　　　　　（单击中下线段）

选择对象：找到1个，总计3个　　　　　　　（单击左上线段）

选择对象：找到1个，总计4个　　　　　　　（单击左下线段）

选择对象：找到1个，总计5个　　　　　　　（单击右下线段）

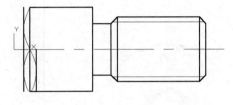

图3-24　步骤九

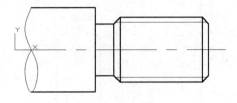

图3-25　步骤十

步骤十一 用"图案填充"命令绘制剖面线。

进入图层6。

命令：_hatch

修改"图案填充和渐变色"对话框中的"图案"及"比例"选项，如图3-26所示；单击"边界"选项组中的 ⊞ 按钮，单击图3-25中左下方两段曲线红线的封闭区域中的任一点，回车返回对话框，单击"确定"按钮，即完成图3-27所示的图形。

图3-26　图案填充对话框

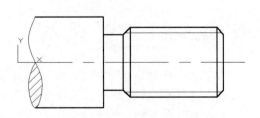

图3-27　完成图形绘制

任务 3.2 联轴器二视图的绘制

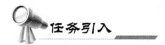

根据要求在 AutoCAD 中绘制如图 3-28 所示的图形，免标注。

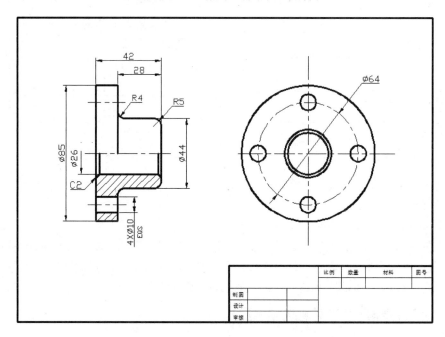

图 3-28 绘制联轴器的二视图

联轴器是"机械制图"课程教学中一个较简单的视图绘制案例，我们在绘制前要先分析物体的形状、结构特点以及表面间的相互关系，明确组合形式，将组合体分成几个组成部分，进一步了解组成部分之间的分界线特点，运用线面的投影规律，分析图中的线条、线框的含义和空间位置，从而看懂视图。

夹点就是 AutoCAD 图形对象上可以控制对象大小、位置的关键点。利用 AutoCAD 的夹点功能，用户可以方便地对对象进行拉伸、移动、旋转、镜像及比例缩放等操作。

夹点编辑不用输入具体命令，而是直接单击要编辑的图形对象。此时被单击的图形对象变成虚线，并且会出现若干个实心小方块，我们称这些实心小方块为对象的特征点，不同图形对象的特征点各不相同。

例如，直线的特征点为 3 个，如图 3-29 所示，中间的点可控制直线的位置，而两边的点可控制直线的长度。进行夹点编辑时，先单击需要编辑的夹点，选择夹点后右击，即可以进行拉伸、移动、旋转、镜像及比例缩放等编辑操作。

在进行夹点编辑时，不同对象的夹点的数量和分布各不相同，常见的图形对象夹点如图 3-29 所示。

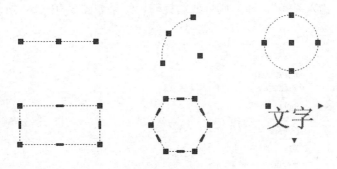

图 3-29　常见的图形对象夹点

【示例】　利用夹点编辑将图 3-30（a）所示图形编辑成图 3-30（b）所示图形（圆的直径为 20 个图形单位）。

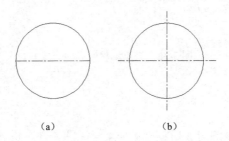

(a)　　　　　　　　(b)

图 3-30　夹点编辑图形

（1）用单击图 3-30（a）中的中心线，中心线变成虚线，并出现 3 个实心小方块，如图 3-31（a）所示。

（2）用单击图 3-31（a）中左边的实心小方块，并向左平移 3 个图形单位，则可得到如图 3-31（b）图所示的效果。

（3）再单击图 3-31（b）中右边的实心小方块，并向右平移 3 个图形单位，则可得到如图 3-31（c）所示的效果。

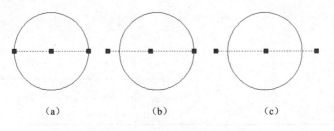

(a)　　　　　　　　(b)　　　　　　　　(c)

图 3-31　夹点编辑中心线（一）

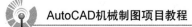

（4）将鼠标放置在图 3-31（c）中间的实心小方块上右击，会出现一个快捷菜单，如图 3-32（a）所示，单击"复制选择"，命令行会提示"指定基点"，单击圆心作为基点即完成直线的复制（现在有两条重复的水平中心线）。

（5）将鼠标放置在图 3-32（a）中间的实心小方块上右击，会出现一个快捷菜单，如图 3-32（b）所示，单击"旋转"，命令行会提示"指定基点"，单击圆心作为基点，命令行继续提示"指定旋转角度"，输入"90"，即完成直线的旋转，结果如图 3-30（b）所示。

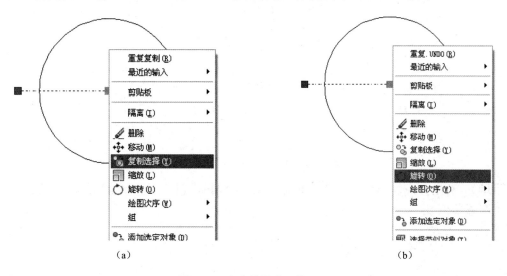

（a） （b）

图 3-32　夹点编辑中心线（二）

任务实施

步骤一　打开项目 1 中练习 3 所创建的 A4 样板图文件，进入图层 4，绘制图样上的中心线，圆的直径为 64，直线长度按比例绘制，要注意中心线在整个图样中的位置，如图 3-33 所示。

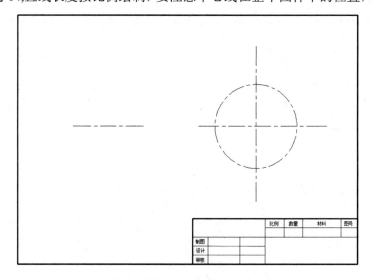

图 3-33　步骤一

步骤二 进入图层 1。根据尺寸用直线命令绘制主视图上的直线，用圆命令绘制左视图上的圆，要注意主视图和左视图的相同结构高度要平齐，如图 3-34 所示。

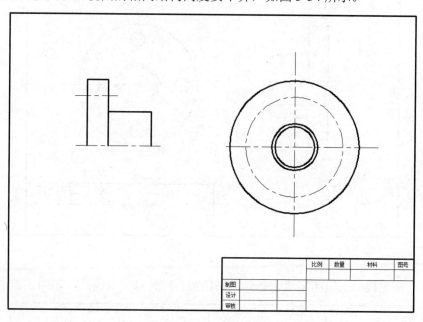

图 3-34 步骤二

步骤三 根据尺寸用圆角命令绘制主视图上的圆角，在左视图上绘制一个直径为 10 的小圆，并用环形阵列命令阵列成 4 个，如图 3-35 所示。

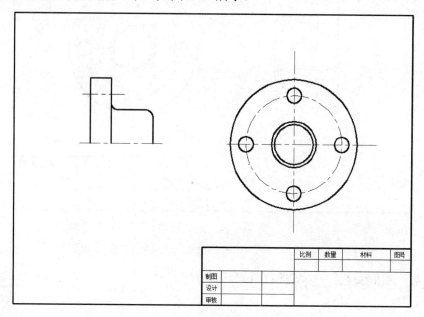

图 3-35 步骤三

步骤四 在主视图上用镜像命令绘制联轴器的另一半，并绘制出剖切后的可见轮廓线，如图 3-36 所示。

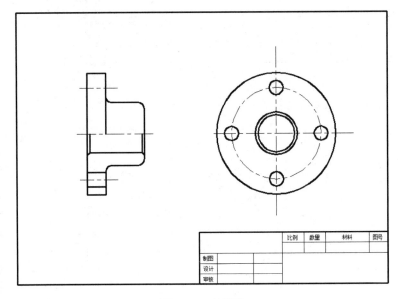

图 3-36　步骤四

步骤五　在主视图上用图案填充命令在剖切实心部分打上剖面线，如图 3-37 所示。

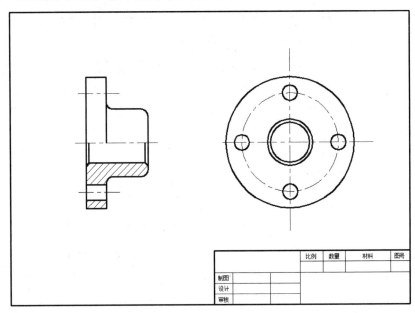

图 3-37　步骤五

任务 3.3　轴承座三视图的绘制

根据要求在 AutoCAD 中绘制如图 3-38 所示的图形，免标注。

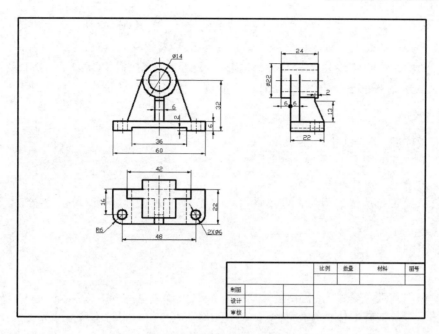

图 3-38 绘制轴承座的三视图

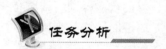

轴承座是"机械制图"课程教学中一个最典型的视图绘制案例，我们在绘制前要先分析物体形状、结构特点以及表面间的相互关系，明确组合形式，将组合体分成几个组成部分，进一步了解组成部分之间的分界线特点，为画三视图做好准备，并运用线面的投影规律，分析图中的线条、线框的含义和空间位置，从而看懂视图。

布置视图时，要根据各视图每个方向上的最大尺寸和视图间要留的间隙，来确定每个视图的位置。

（1）合理布局后，画出每个视图相互垂直的两根基线。

（2）按照组成物体的基本形体，逐一画出它们的三视图。

① 从主视图到俯视图和左视图。

② 先画主要组成部分，后画次要部分。

③ 先画看得见的部分，后画不见的部分。

④ 先画主要的圆和圆弧，后画直线。

（3）画每个基本形体时，三视图对应着一起画，先画反映实形或有特征的视图，再画其他视图。

一、缩放（Zoom）命令

我们在绘制图形的过程中，可以通过放大和缩小操作更改视图的比例。使用 ZOOM 命令不会更改图形中对象的绝对大小，它仅更改视图的比例。ZOOM 命令是一个"透明"命令，即可以在执行其他命令的过程中同时执行，而不终止原来命令的执行。

在透视图中，ZOOM 将显示 3DZOOM 提示。注意，在使用 VPOINT 或 DVIEW 命令，或正在使用 ZOOM、PAN 或 VIEW 命令时，不能透明使用 ZOOM 命令。

1．命令格式

单击"标准"工具栏的 按钮。

单击下拉菜单 视图 → 缩放 → 实时 。

输入命令"Zoom"。

快捷菜单：没有选定对象时，在绘图区域右击，在出现的菜单中单击"缩放"进行实时缩放。

2．命令说明

命令：Zoom

指定窗口的角点，输入比例因子 （nX 或 nXP），或者 ［全部（A）/中心（C）/动态（D）/范围（E）/上一个（P）/比例（S）/窗口（W）/对象（O）］<实时>：

（1）全部（A）：如图 3-39（a）所示为全部缩放前，图 3-39（b）所示为全部缩放后，缩放以显示所有可见对象和视觉辅助工具。模型使用由所有可见对象计算的较大范围，或所有可见对象和某些视觉辅助工具的范围填充窗口。视觉辅助工具可能是模型的栅格、小控件或其他内容。

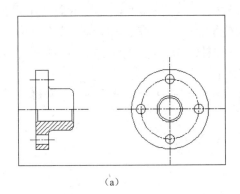
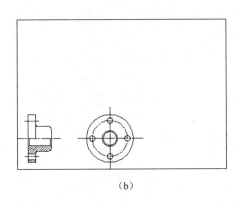

（a）　　　　　　　　　　　　　　　　　　（b）

图 3-39　全部缩放

在图 3-39（b）中，栅格 LIMITS 被设置为比图形范围更大的区域。因为它始终重生成图形，所以无法透明地使用"全部缩放"选项。

（2）中心（C）：缩放以显示由中心点和比例值/高度所定义的视图。高度值较小时增加放大比例；高度值较大时减小放大比例。在透视投影中不可用。

（3）动态（D）：使用矩形视图框进行平移和缩放。视图框表示视图，可以更改它的大小，或在图形中移动。移动视图框或调整它的大小，将其中的视图平移或缩放，以充满整个视口。在透视投影中不可用。

（4）范围（E）：缩放以显示所有对象的最大范围。计算模型中每个对象的范围，并使用这些范围来确定模型应填充窗口的方式。如图 3-40（a）所示为范围缩放前，图 3-40（b）所示为范围缩放后。

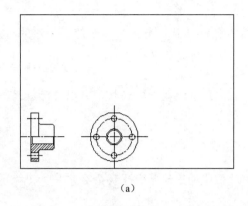
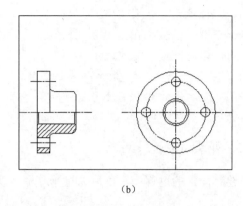

图 3-40　范围缩放

（5）上一个（P）：缩放显示上一个视图。最多可恢复此前的 10 个视图。

（6）比例（S）：使用比例因子缩放视图以更改其比例。如果输入的数值后面跟着 x，则根据当前视图指定比例；如果输入的数值后面跟着 xp，则指定相对于图样空间单位的比例。

例如，输入 ".5x" 使屏幕上的每个对象显示为原大小的 1/2。

输入 ".5xp" 以图样空间单位的 1/2 显示模型空间。创建每个视口以不同的比例显示对象的布局。

（7）输入值：指定相对于图形栅格界限的比例（此选项很少用）。例如，如果缩放到图形界限，则输入 "2" 将以对象原来尺寸的 2 倍显示对象。

（8）窗口（W）：缩放显示矩形窗口指定的区域。使用光标，可以定义模型区域以填充整个窗口。如图 3-41（a）所示为窗口缩放前，图 3-41（b）所示为窗口缩放后。

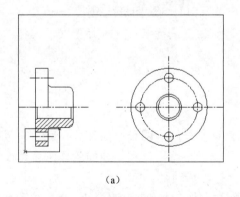
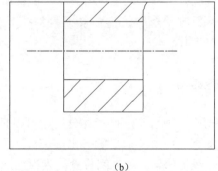

图 3-41　窗口缩放

（9）对象（O）：缩放以便尽可能大地显示一个或多个选定的对象，并使其位于视图的中心。可以在启动 ZOOM 命令前后选择对象。

（10）实时：交互缩放以更改视图的比例。光标将变为带有加号（+）和减号（−）的放大镜。

在窗口的中点按住左键并垂直移动到窗口顶部则放大 100%；反之，垂直移动到窗口底部则缩小 100%。

达到放大极限时，光标上的加号消失，表示无法继续放大；达到缩小极限时，光标上的减号消失，表示无法继续缩小。

松开左键时缩放终止。可以在松开左键后将光标移动到图形的另一个位置，然后再按住左键便可从该位置继续缩放显示。

若要退出缩放，可按 Enter 键或 Esc 键。

技巧：实时缩放可以不使用缩放命令，只需拨动鼠标滚轮，往前拨动可以实时放大图形，往后拨动则实时缩小图形。

二、平移（Pan）命令

在绘制图形的过程中，可以通过平移命令实时平移图形显示。平移命令也是一个"透明"命令。

1．命令格式

单击"标准"工具栏的 按钮。

单击下拉菜单：视图→平移→实时。

输入命令"Pan"。

快捷菜单：不选定任何对象，在绘图区域右击，在出现的菜单中单击"平移"。

2．命令说明

命令：PAN

按 Esc 键或 Enter 键退出，或右击显示快捷菜单。

我们可以指定用于平移图形显示的位移。将光标放在起始位置，然后单击，将光标拖动到新的位置。

随着视图被平移，光标也将更新，以使用户了解何时到达图形的范围。

技巧：实时平移也可以不使用平移命令，只要按下鼠标滚轮或鼠标中键，就可以拖动光标进行实时平移。

 任务实施

我们先要对轴承座进行形体分析，可以把轴承座分解成四个组成部分：底板、竖板、空心圆筒和加强筋板，然后了解各组成部分之间的分界线特点，运用线面的投影规律，分析图中的线条、线框的含义和空间位置，为视图绘制打好基础。

步骤一 打开项目 1 中练习 3 所创建的 A4 样板图文件，进入图层 4，用直线命令绘制图样上的中心线，要注意中心线在整个图样中的位置，主视图中的垂直中心线要和俯视图中的垂直中心线对正，主视图中的水平中心线要和左视图中的水平中心线平齐，并确定长、宽、高三个方向的绘图基准，如图 3-42 所示。

步骤二 进入图层 1。根据尺寸用直线命令和矩形命令绘制底板的三个视图，要注意主视图和俯视图要长对正，主视图和左视图高平齐，俯视图和左视图宽相等，如图 3-43 所示。

步骤三 根据尺寸用圆命令和矩形命令绘制空心圆筒的三个视图，并给底板倒圆角及绘制底板上的两个小圆，如图 3-44 所示。

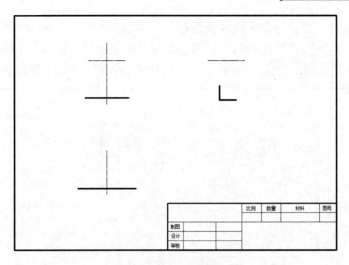

图 3-42 步骤一

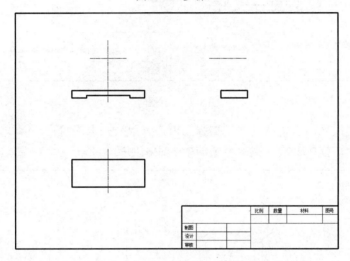

图 3-43 步骤二

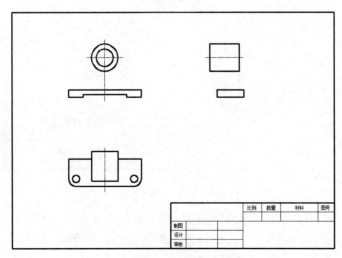

图 3-44 步骤三

步骤四 根据尺寸用直线命令绘制竖板在三个视图上的可见轮廓线，在绘制过程中，要使用对象捕捉工具，使用"捕捉到切点"的方式来绘制主视图中的和圆相切的直线，并根据长对正、高平齐分别绘制出竖板在俯视图和左视图上的轮廓线。如图 3-45 所示。

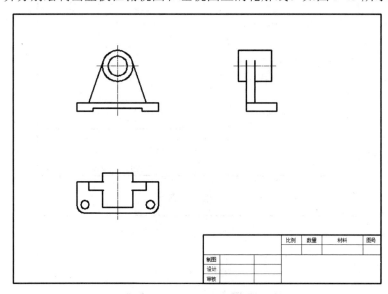

图 3-45　步骤四

步骤五 根据尺寸用直线命令绘制加强筋板在三个视图上的可见轮廓线，进入图层 4，根据尺寸用直线命令在视图上绘制底板小圆的中心线，如图 3-46 所示。

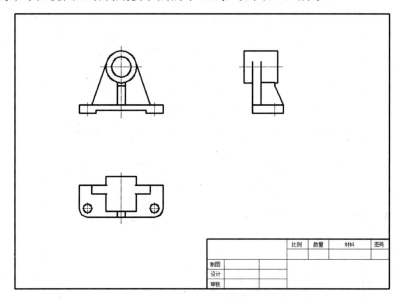

图 3-46　步骤五

步骤六 进入图层 3，用虚线来绘制图形，使用直线命令和镜像绘制三个视图上的不可见轮廓线。在绘制过程中，要逐一对应三视图上的各结构，避免遗漏线条。最终绘制结果如图 3-47 所示。

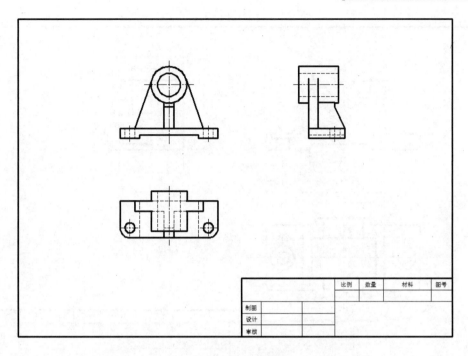

图 3-47 步骤六

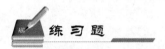

在 AutoCAD 中绘制图 3-48～图 3-54 所示的图形（暂不用标注尺寸）。

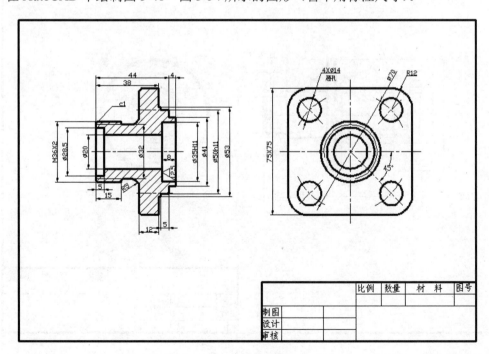

图 3-48 练习1

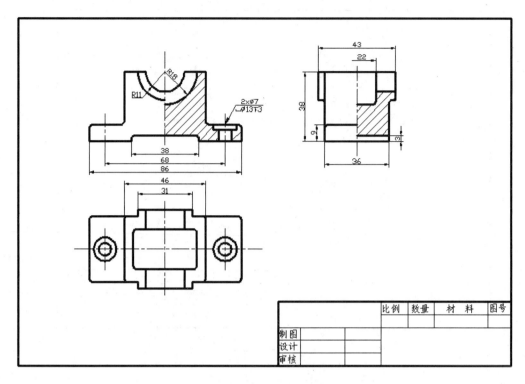

图 3-49　练习 2

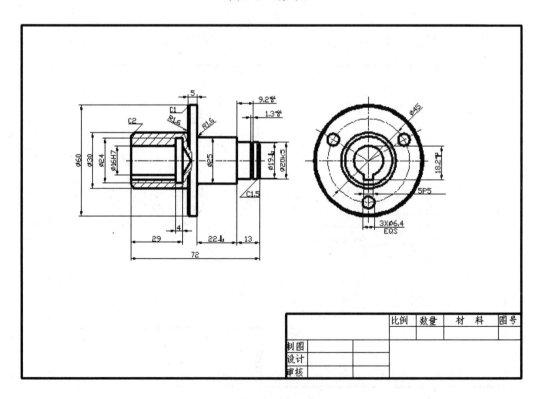

图 3-50　练习 3

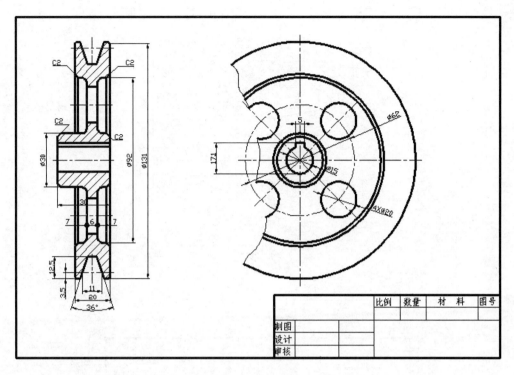

图3-51　练习4

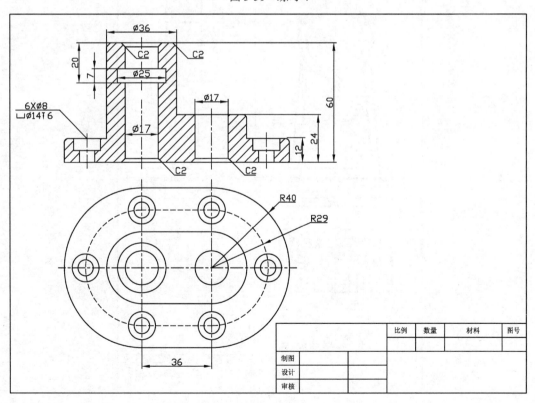

图3-52　练习5

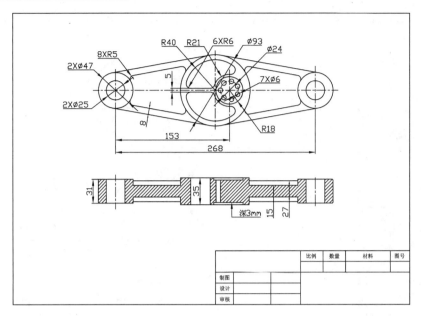

图 3-53　练习 6

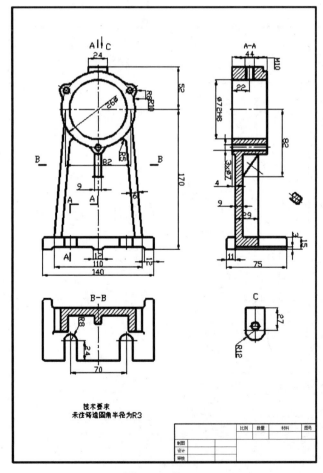

图 3-54　练习 7

项目 4

典型零件图的绘制

教学目标

1. 掌握用 AutoCAD 绘制零件图的一般过程。
2. 掌握根据国家标准设置绘图环境。
3. 掌握常见尺寸及技术要求的标注方法。
4. 了解块的概念,掌握其制作及调用方法。

作为零件制造和检验的主要依据,零件图除了具有一组图形外,还需要齐全的尺寸、合理的技术要求,以及填写完整的标题栏(图框)。

本项目将通过 4 个经典零件图绘制及标注的例子,在学习掌握绘制零件图所需的 AutoCAD 命令和作图技巧之外,重点学习相关的尺寸(公差)标注、技术要求中的表面粗糙度、几何公差的标注及文本标注等。

任务 4.1 轴套类零件图的绘制

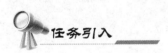

任务引入

完成图 4-1 所示传动轴零件图。要求在读懂图形的基础完成以下任务:

1. 按国标完成文字样式、尺寸样式、线型等绘图环境配置。
2. 完成传动轴图形绘制。
3. 标注尺寸及公差。
4. 标注文本、填写标题栏。

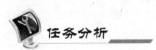

任务分析

轴的主要功用是支撑回转零件,传递运动和力。轴上常加工有键槽、螺纹、挡圈槽、倒角、退刀槽和中心孔等结构。其上的局部结构一般采用断面图、局部剖视图、局部放大图、局部视图来表示。

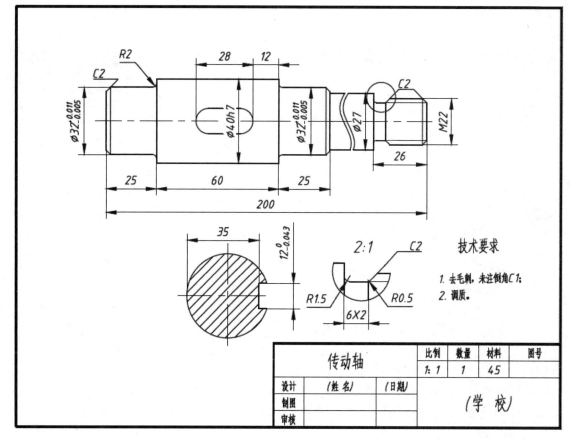

图 4-1　传动轴零件图

　　本任务主要有以下几个步骤：调用模板文件，绘制图形（选用正确线型），设置符合国标的绘图环境（选用合理的文字样式、尺寸样式等），正确标注，尤其是尺寸公差的标注是本次任务重点，倒角标注次之。

 任务实施

一、配置绘图环境

　　打开项目 1 中练习 3 所创建的 A4 样板图文件，进入图层 4，图层、线型、标题栏等相关设置不变，将其另存为"传动轴 4-1．dwg"。

二、图形绘制

步骤一　绘制主视图。

（1）绘制主视图轴线：调用直线命令绘制轴线，长度为 158，选取该直线，放入图层 4。

命令：_line√（或者单击"绘图"工具栏中的 ✎ 按钮）

启用"极轴追踪"，增量角设为 90°。

指定第一点：　　　　　　　　　（在图框左上单击选定一点）

指定下一点或［放弃（U）］：（使鼠标向左，出现 180°追踪线时，输入长度）158↙

（2）绘制轴轮廓：将图层 1 设置为当前层。调用直线命令，绘制连续线段，命令操作如下。

命令：↙（回车，继续执行绘制直线命令）

指定第一点：<对象捕捉 开>（单击状态栏中的"对象捕捉"按钮，打开对象捕捉功能）捕捉点画线右端点

指定下一点或［放弃（U）］：（使鼠标向上，出现 90°追踪线时，输入长度）11↙

指定下一点或［放弃（U）］：（使鼠标向右，出现 0°追踪线时，输入长度）20↙

指定下一点或［放弃（U）］：（使鼠标向下，出现 270°追踪线时，输入长度）2↙

指定下一点或［放弃（U）］：（使鼠标向左，出现 180°追踪线时，输入长度）6↙

指定下一点或［放弃（U）］：（使鼠标向下，出现 270°追踪线时，输入长度）5↙

指定下一点或［放弃（U）］：（使鼠标向左，出现 180°追踪线时，输入长度）22↙

指定下一点或［放弃（U）］：（使鼠标向上，出现 90°追踪线时，输入长度）2.5↙

指定下一点或［放弃（U）］：（使鼠标向左，出现 180°追踪线时，输入长度）25↙

指定下一点或［放弃（U）］：（使鼠标向上，出现 90°追踪线时，输入长度）4↙

指定下一点或［放弃（U）］：（使鼠标向左，出现 180°追踪线时，输入长度）60↙

指定下一点或［放弃（U）］：（使鼠标向上，出现 90°追踪线时，输入长度）4↙

指定下一点或［放弃（U）］：（使鼠标向左，出现 180°追踪线时，输入长度）25↙

指定下一点或［放弃（U）］：（使鼠标向下，出现 270°追踪线时，输入长度）16↙

自动捕捉与点画线交点↙

选中点画线，出现蓝色夹点，选中右端夹点向右拉伸 5mm。

绘制结果如图 4-2 所示。

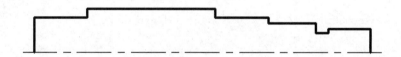

图 4-2 绘制轴轮廓

提醒：在命令窗口中输入 Enter 键可重复调用上一个命令，不管上一个命令是完成了还是被取消了。

（3）延伸：调用"延伸"命令，进一步完成轴轮廓。

命令：_extend↙（或者单击"修改"工具栏中的 按钮）

选择对象：（选中轴线）↙

选择要延伸的对象，或按住 Shift 键选择要修剪的对象，或 ［投影（P）/边（E）/放弃（U）］：（依次单击各需要延伸至点画线的线段）↙

绘制结果如图 4-3 所示。

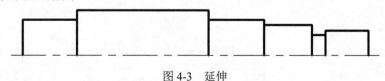

图 4-3 延伸

（4）绘制两端倒角：调用倒角命令，完成轴两端倒角。

命令：_chamfer↙（或者单击"修改"工具栏中的□按钮）

（"修剪"模式）当前倒角距离 1 = 0.0000，距离 2 = 0.0000

选择第一条直线或［多段线（P）/距离（D）/角度（A）/修剪（T）/方式（M）/多个（U）］：

d↙

指定第一个倒角距离<0.0000>：2

指定第二个倒角距离<2.0000>：↙

选择第一条直线或 ［多段线（P）/距离（D）/角度（A）/修剪（T）/方式（M）/多个（U）］：

（选中左端倒角的第一条直线）

选择第二条直线：　　　　　　　（选中左端倒角的第二条直线）

命令：↙　　　　　　　　　　　（重复执行倒角命令）

分别选中右端倒角的两条直线，完成倒角。

调用直线命令，画出倒角线。

绘制结果如图 4-4 所示。

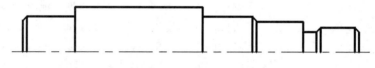

图 4-4　倒角

（5）倒键槽底部 R0.5、R1.5 圆角：调用"圆角"命令，分别倒圆。

命令：_fillet↙

输入参数：r↙

输入：0.5↙

分别单击选取键槽底水平线与相交 45° 倒角，完成 R0.5 的倒圆角

空格　　　　　　　　（或↙）

输入：r↙

输入：1.5↙

分别单击选取键槽底水平线与相交的φ27 轴段右端面直线，完成 R1.5 的倒圆角

输入：1.5↙

命令：_extend↙（或者单击"修改"工具栏中的┄┃按钮）

选择对象：单击选取中心线↙

单击选取在倒圆角时被修剪的直线段，延长到中心线，如图 4-5 所示。

（6）绘制φ40h7 轴段键槽。调用"圆"和"直线"命令，绘制连续线段。

命令：_c↙

指定圆心：　　　　（鼠标在φ40h7 轴段右端与中心线交点处停留，向左移动，输入 18↙）

指定圆的半径：6↙

空格（或↙）

指定圆心：　　　　（鼠标在刚才所画半径为 6 的圆心停留，向左移动，输入 16↙）

指定圆的半径：↙（CAD 能记住上次输入数值）

命令：_line ∠

指定第一点：鼠标放至所画圆心停留，再向上移到圆最上象限点，单击

指定下一点或［放弃（U）］：鼠标放至另一所画圆心停留，再向上移到圆最上象限点，单击∠

空格（或∠）

指定第一点：鼠标放至所画圆心停留，再向下移到圆最下象限点，单击

指定下一点或［放弃（U）］：鼠标放至另一所画圆心停留，再向下移到圆最下象限点，单击∠

命令：trim∠

选择对象：单击选取刚才所画两水平线∠

选择要修剪的对象：单击选取要修剪掉的两圆弧内侧，得绘制结果如图4-6所示。

图4-5　倒圆角　　　　　　　　　　　　　　图4-6　绘制键槽

（7）镜像轴外轮廓线：调用镜像命令，以轴线为镜像轴进行镜像操作。

命令：_mirror∠（或者单击"修改"工具栏中的▥按钮）

选择对象：　　　　　　　　　　　　　　　　　　　　（选中需要镜像的图形）

选择对象：∠

指定镜像线的第一点：　　　　　　　　　　　　　　　（捕捉轴线左端点）

指定镜像线的第二点：　　　　　　　　　　　　　　　（捕捉轴线右端点）

是否删除源对象？［是（Y）/否（N）］　<N>：∠

（8）波浪线绘制：将图层2设置为当前层。调用样条曲线命令，绘制波浪线。

命令：_spline∠（或者单击"绘图"工具栏中的﹏按钮）

指定第一个点或［对象（O）］：_nea 到　　　（在轮廓线合适位置捕捉最近点）

指定下一点：

指定下一点或［闭合（C）/拟合公差（F）］<起点切向>：（在合适位置选取一点）

指定下一点或［闭合（C）/拟合公差（F）］<起点切向>：（在合适位置选取一点）

指定下一点或［闭合（C）/拟合公差（F）］<起点切向>：（在合适位置选取一点）

指定下一点或［闭合（C）/拟合公差（F）］<起点切向>：_nea 到

　　　　　　　　　　　　　　　　　　　　　　　（在轮廓线合适位置选取一点）

回车，完成波浪线绘制。

折断画法部分先画出波浪线，再用"修剪"命令修剪多余轮廓线。

绘制结果如图4-7所示。

（8）螺纹牙底线绘制：将图层2设置为当前层，调用直线命令，绘制细实线。

命令：_line 指定第一点：　　　　（或者单击"绘图"工具栏中的╱按钮）

指定下一点或　[放弃（U）]：

命令：_line 指定第一点：　　　　（或者按回车/空格键）

指定下一点或　[放弃（U）]：✓

绘制如图 4-7 所示。

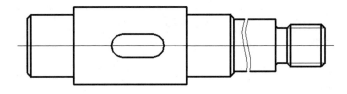

图 4-7　主视图绘制完成

步骤二　绘制键槽部分断面图。

（1）绘制中心线：将图层 4 设置为当前层，调用直线命令绘制。

（2）绘制轮廓线：将图层 1 设置为当前层，调用圆、直线、镜像和修剪命令完成图形绘制。

命令：_circle ✓（画ϕ40 圆）

指定圆的圆心或　[三点（3P）/两点（2P）/相切、相切、半径（T）]：（捕捉中心线交点）

指定圆的半径或　[直径（D）] <6.0000>：20✓

命令：line ✓　　　　　　　　　（绘制键槽）

指定第一点：（从圆最右象限点向左 180°追踪）5✓

指定下一点或　[放弃（U）]：（向右 270°追踪）6✓

指定下一点或　[放弃（U）]：　　　（垂直向右自动捕捉与圆轮廓线的交点）

指定下一点或　[闭合（C）/放弃（U）]：✓

绘制结果如图 4-8 所示。

命令：_mirror✓　　　　　　（以水平中心线为镜像轴镜像键槽轮廓）

命令：_trim✓　　　　　　　（修剪多余轮廓线）

绘制结果如图 4-9 所示。

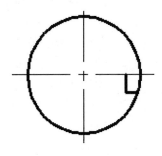

图 4-8　未完键槽断面图

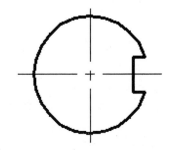

图 4-9　镜像得键槽断面图

步骤三　绘制局部放大图。

（1）复制图形。调用复制命令复制需局部放大部分的图形。

命令：_ copy✓（或者单击"修改"工具栏中的 按钮）

选择对象：指定对角点：　　　　　　　　　　　（选中要复制对象）

选择对象：✓

指定基点或位移，或者 ［重复（M）］：　　　（捕捉圆心）

指定位移的第二点或<用第一点作位移>：　　　（将图形放置到适当位置）

绘制结果如图4-10（a）所示。

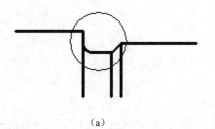
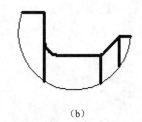

（a）　　　　　　　　　　　　　　　　（b）

图4-10　图形放大

（2）图形放大。调用"缩放"命令,将图形按要求放大。

命令：_scale✓ （或者单击"修改"工具栏中的▢按钮）

选择对象：　　　　　　　　（框选4-10（a）所示图形）

选择对象：✓

指定基点：　　　　　　　　（捕捉R6圆的圆心）

指定比例因子或 ［参照（R）］：2✓

命令：trim✓

选择对象：✓

选择要修剪的对象：　　　　（单击线段多余部分）

绘制结果如图4-10（b）所示。

步骤四 绘制剖面线：将图层6设置为当前层，调用图案填充或者单击▢按钮完成剖面线绘制。

图形的位置可以采用移动命令或者单击✛作调整。

绘制结果如图4-11所示。

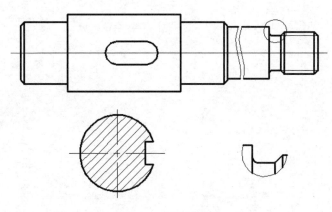

图4-11　剖面线绘制

三、尺寸标注

尺寸标注是绘制图形的一项重要内容，它描述了图形中各部分的实际大小和位置关系。AutoCAD 的尺寸标注命令很丰富，利用它可以轻松地创建出各种类型的尺寸。所有尺寸与尺寸样式关联，通过调整尺寸样式，就能控制与该样式关联的尺寸标注的外观。下面介绍前述轴零件的尺寸标注方法。

步骤一 激活尺寸标注命令。

可以用以下几种方式激活尺寸标注命令。

（1）下拉菜单：单击"标注"下拉菜单后，即可直接单击所需的尺寸标注命令。

（2）"标注"工具栏：使用"标注"工具栏，可直接单击命令图标按钮，激活相应的尺寸标注命令，如图 4-12 所示。

图 4-12 "标注"工具栏

（3）"命令"提示符：在命令行直接输入完整的尺寸标注命令或只输入其前面部分字母，如线性尺寸标注可输入"DIMLINEAR"，也可输入"DIMLIN"命令等。

步骤二 创建标注样式。

尺寸标注是一个复合体，它以块的形式存储在图形中，其组成部分包括尺寸线、尺寸线两端起止符号（箭头或斜线等）、尺寸界线及标注文字等，所有这些组成部分的格式都由尺寸样式来控制。

在标注尺寸前，用户一般都要创建尺寸样式，否则，AutoCAD 将使用默认样式 ISO-25 来生成尺寸标注。在 AutoCAD 中可以定义多种不同的标注样式并为之命名，标注时，用户只需指定某个样式为当前样式，就能创建相应的标注形式。

创建标注样式的步骤如下：

（1）单击"样式"面板上的 ⚄ 按钮或选择菜单 格式 → 标注样式 ，打开"标注样式管理器"对话框，如图 4-13 所示。通过该对话框可以命名新的尺寸样式或修改样式中的尺寸变量。

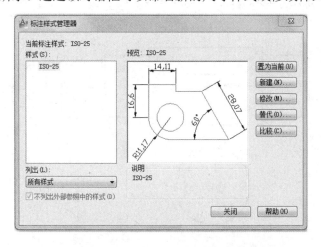

图 4-13 "标注样式管理器"对话框

"标注样式管理器"用来创建和管理尺寸标注样式，其主要功能如下：

① 创建新的尺寸标注样式。

② 修改已有的尺寸标注样式。

③ 设置一个尺寸标注样式的替代。

④ 设置当前尺寸标注样式。

⑤ 比较尺寸标注样式。

⑥ 重命名尺寸标注样式。

⑦ 删除尺寸标注样式。

弹出图 4-13 所示"标注样式管理器"对话框的方法如下：

🔖单击下拉菜单 标注 → 样式 。

🔖单击工具栏 标注 → 标注样式 。

🖳输入命令"DIMSTYLE（或 DDIM）"。

"标注样式管理器"对话框中主要项的功能如下。

① 当前标注样式：列出当前标注样式的名称。图 4-13 中的当前样式为 ISO-25，这是系统提供的样式。

② 样式："样式"框中列出已创建的标注样式。

③ 列出：在"列出"框中显示的标注样式可以是"所有样式"或"正在使用的样式"。

④ 不列出外部参照中的样式：控制是否在"样式"框中显示外部参照图形中的尺寸标注样式。

⑤ 置为当前：把在"样式"框中选择的标注样式设为当前尺寸标注样式。

⑥ 新建：弹出"创建新标注样式"对话框，如图 4-14 所示，从中可以定义新的标注样式，确定新样式名后单击"继续"按钮，弹出"新建标注样式：尺寸标注"对话框，如图 4-15 所示。

图 4-14 "创建新标注样式"对话框

⑦ 修改：弹出"修改标注样式"对话框，从中可以修改标注样式。该对话框选项与"新建标注样式：尺寸标注"对话框中的相同。

⑧ 替代：弹出"替代当前样式"对话框，从中可以设定标注样式的临时替代值。该对话框选项与"新建标注样式：尺寸标注"对话框中相同。替代样式将作为未保存的更改结果显示在"样式"列表中的标注样式下。

⑨ 比较：弹出"比较标注样式"对话框，用于比较两个标注样式在设置参数上的不同。在此对话框中，若在"比较"和"与"列表中选择不同样式，则系统将在下方显示出它们区

别；若在"比较"和"与"列表中选择相同样式或在"与"中选择"无"，则在下方显示该样式的全部特性。

（2）单击"新建"按钮，打开"创建新标注样式"对话框，如图4-14所示。在该对话框的"新样式名"框中输入新的样式名称"尺寸标注"；在"基础样式"下拉列表中指定某个尺寸样式作为新样式的基础样式，则新样式将包含基础样式的所有设置。此外，用户还可以在"用于"下拉列表中设定新样式对某一种类尺寸的特殊控制。默认情况下，"用于"下拉列表的选项是"所有标注"，是指新样式将控制所有类型的尺寸。

（3）单击"继续"按钮，打开"新建标注样式：尺寸标注"对话框，如图4-15所示。

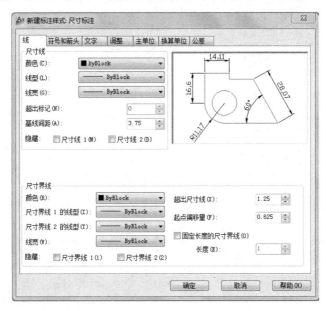

图4-15 "新建标注样式：尺寸标注"对话框

在"新建标注样式：尺寸标注"对话框中，包括"线"、"符号和箭头"、"文字"、"调整"、"主单位"、"换算单位"、"公差"共7个选项卡，各选项卡的主要功能如下。

① 线：用于设置尺寸线、尺寸界线的格式和属性，图4-15所示即为与"线"选项卡对应的对话框。

◆ 尺寸线：设置尺寸线的格式。有如下选项。

◇ 颜色：设置尺寸线的颜色。

◇ 线型：在下拉列表框中选择尺寸线的线型。

◇ 线宽：在下拉列表框中选择尺寸线的宽度。

◇ 超出标记：当箭头采用斜线等标记时，确定尺寸线超出尺寸界线的长度。

◇ 基线间距离：使用基线标注时设置各尺寸线间距离。此选项决定了平行尺寸间的距离。例如，当创建◇ 基线型尺寸标注时，相邻尺寸线的距离由该选项控制，如图4-16所示。

◇ 隐藏：此项对应的"尺寸1"、"尺寸线2"复选框分别控制第一条和第二条尺寸线是否显示，如图4-17所示。

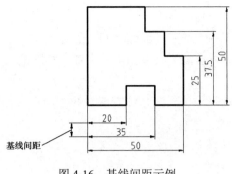

图 4-16　基线间距示例

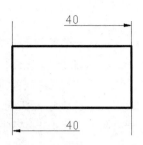

图 4-17　隐藏尺寸线示例

◆ 尺寸界线：设置尺寸界线的格式。其中，"颜色"、"线型"、"线宽"、"隐藏"选项和"尺寸线"的相应选项相同。不同的有以下选项。

◇ 超出尺寸线：确定尺寸界线超出尺寸线的距离，如图 4-18 所示。国标规定，尺寸界线一般超出尺寸线 2～3mm。

◇ 起点偏移量：设置尺寸界线相对于尺寸界线起点的距离，如图 4-18 所示。

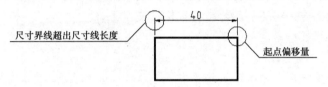

图 4-18　起点偏移量

◇ 固定长度的尺寸界线：启用固定长度的尺寸界线。

② 符号和箭头：用于设置箭头、圆心标记、折断标注、弧长符号、半径折弯标注和线性折弯标注的格式和属性，图 4-19 所示为与"符号和箭头"选项卡对应的对话框。

图 4-19　"符号和箭头"选项卡

◆ 箭头。

◇ 第一个：设定第一条尺寸线的箭头，在下拉列表框中选择不同种类的样式。当更改第一个箭头的类型时，第二个箭头将自动更改以同第一个箭头相匹配。

◇ 第二个：设定第二条尺寸线的箭头。

◇ 引线：设定引线箭头，在下拉列表框中选择设置引线标注时的引线起始点的样式。

◇ 箭头大小：确定箭头的大小。

◆ 圆心标记：确定圆或圆弧的圆心标记的类型和大小。

◇ 无：不创建圆心标记或中心线。

◇ 标记：创建圆心标记。

◇ 直线：创建中心线。

◆ 折断标注。

◇ 折断大小：显示和设定用于折断标注的间隙大小。

◆ 弧长符号。

◇ 标注文字的前缀：将弧长符号放置在标注文字之前。

◇ 标注文字的上方：将弧长符号放置在标注文字上方。

◇ 无：不显示弧长符号。

◆ 半径折弯标注。

◇ 折弯角度：确定折弯角度的大小。

◆ 线性折弯标注。

◇ 折弯高度因子：通过形成折弯的角度的两个顶点之间的距离确定折弯高度。

③ 文字：设置尺寸文字的外观、位置及对齐方式等属性，图4-20所示为与"文字"选项卡对应的对话框。

图4-20 "文字"选项卡

◆ 文字外观：设置尺寸文字的格式和大小。

✧ 文字样式：在此下拉列表中选择文字样式或单击其右边的▢▢按钮，打开"文字样式"对话框，利用该对话框创建新的文字样式。

✧ 文字高度：设定当前标注文字样式的高度。在文本框中输入值。如果"文字样式"中将文字高度设定为固定值（即文字样式高度大于 0），则该高度将替代此处设定的文字高度。如果要使用在"文字"选项卡上设定的高度，须确保"文字样式"中的文字高度设定为"0"。

◆ 文字位置：设置尺寸文字的位置。通过垂直、水平、观察方向及从尺寸线偏移选项设置文字位置。

✧ 从尺寸线偏移：该选项用于设定标注文字与尺寸线之间的距离。

◆ 文字对齐：设置尺寸文字的对齐方式。

✧ 水平：水平放置文字。

✧ 与尺寸线对齐：文字与尺寸线对齐。对于国标标注，应选择此项。

✧ ISO 标准：当文字在尺寸界线内时，文字与尺寸线对齐；当文字在尺寸界线外时，文字水平排列。

④ 调整：控制尺寸文字、尺寸、尺寸箭头等的位置，如图 4-21 所示。

图 4-21 "调整"选项

◆ 调整选项：根据两尺寸界线间的距离调整尺寸文字和箭头的位置。当尺寸界线之间距离较小，不能同时放置尺寸文字和箭头时，用户可以选择从尺寸界线之间移出尺寸文字或箭头或将二者全部移出。相应的选项有"文字或箭头（最佳效果）"、"箭头"、"文字"、"文字和箭头"、"文字始终保持在尺寸界线之间"、"若箭头不能放在尺寸界线内，则将其消除"。

◆ 文字位置：确定文字从默认位置移出后所放置的位置。有三个选项可供选择："尺寸线旁边"、"尺寸线上方,带引线"、"尺寸线上方,不带引线"。

◆ 标注特征比例。

◇ 注释性:指定标注为注释性。勾选此特性,用户可以自动完成缩放注释的过程,从而使注释能够以正确的大小在图纸上打印或显示。

确定尺寸的缩放关系,有如下选项。

◇ 将标注缩放到布局:根据当前模型空间视口与图纸空间的比例确定比例因子。

◇ 使用全局比例:此比例值会影响尺寸标注所有组成元素的大小,如标注文字和尺寸箭头的大小。该缩放比例并不更改标注的测量值。例如,当该比例因子为"1"时(默认),标注的尺寸文字为系统的实际测量值;当该比例因子为"10"时,标注的尺寸文字为系统的实际测量值的10倍。

◆ 优化。

◇ 手动放置文字:忽略所有水平对正设置并把文字放在"尺寸线位置"提示下指定的位置。

◇ 在尺寸界线之间绘制尺寸线:在尺寸箭头移出放在尺寸线之外时,也在尺寸界线之内绘出尺寸线。

⑤ 主单位:用于设置尺寸数字的单位及标注形式、精度、比例以及控制尺寸数字0的处理方式,如图4-22所示。

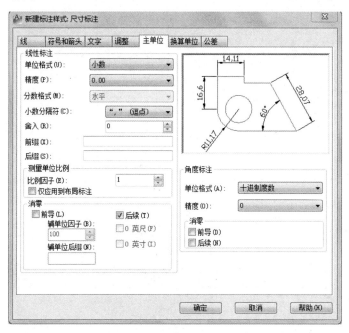

图4-22 "主单位"选项卡

◆ 线性标注:设置线性标注时单位的格式与精度,有如下选项。

◇ 单位格式:设置线性标时的尺寸单位。可在"科学"、"小数"、"工程"、"建筑"、"分数"等项中选择。

◇ 精度:可在下拉列表中选择设定。

◇ 分数格式：标注单位采用分数时，选择其标形式。可在下拉列表中选择"水平"、"对角"、"非堆叠"选项。

◇ 小数分隔符：确定小数的分隔符形式，可在下拉列表中选择"句点"、"逗点"、"空格"选择。

◇ 舍入：确定除"角度"之外的所有标注类型标注测量值的舍入数值。如果输入"0.25"，则所有标注距离都以 0.25 为单位进行舍入；如果输入"1.0"，则所有标注距离都将舍入为最接近的整数。小数点后显示的位数取决于"精度"设置。

◇ 前缀和后缀：确定尺寸文字的前缀和后缀，在其相应的文本框中输入即可。可以输入文字或使用控制代码显示特殊符号。

◇ 比例因子：测量单位的缩放因数。没定此值后的标注值将是测量值与该比值的乘积。

◇ 消零：确定是否显示标注中小数的前导 0 或尾数 0，如用".5"代替"0.5"或用"6"代替"6.00"。

◆ 角度标注：确定角度标注的单位、精度等。有"单位格式"、"精度"、"消零"选项供选择。

⑥ 换算单位：用于设置替代单位的格式和精度。比选项中的多数选项和"主单位"选项中类似，不再赘述。

⑦ 公差：用于控制公差的显示和标注格式，如图 4-23 所示。

图 4-23 "公差"选项卡对话框

◆ 公差格式：确定公差的标格式。有如下选项：

◇ 方式：用于确定标公差的方式。下拉列表中有"无"、"对称"、"极限偏差"、"极限尺寸"、"公称尺寸"选项。

✧ 精度：设置尺寸公差的精度。

✧ 上偏差、下偏差：在文本框中输入尺寸的上偏差、下偏差。

✧ 高度比例：确定公差文字相对于尺寸文字的分数比例。仅当在"主单位"选项卡上选择"分数"作为"单位格式"时，此选项才可用。输入值乘以文字高度，可确定标注分数相对于标注文字的高度。

✧ 垂直位置：确定公差文字相对于尺寸文字的位置，可在下拉列表的"上"、"中"、"下"选项间选择。

✧ 消零：确定是否消除公差值的前导零或后续零。

◆ 换算单位公差：当标注换算单位时，确定换算单位的精度以及是否消零。

（4）在"线"选项卡的"基线间距"和"起点偏移量"文本框中分别输入"7"和"0"。

（5）在"符号和箭头"选项卡的"第一个"下拉列表中选择"实心闭合"，"箭头大小"栏取默认值"2.5"。

（6）在"文字"选项卡的"文字样式"下拉列表中选择"工程文字"；"文字高度"、"从尺寸线偏移"框都取默认值，分别为"2.5"、"0.625"；在"文字对齐"选项组中选择"与尺寸线对齐"。

（7）在"调整"选项卡的"使用全局比例"栏中采用默认值"1"。

（8）在"主单位"选项卡的"小数分隔符"下拉列表中选择"句点"。

（9）单击"确定"按钮，确认一个新的尺寸样式，再单击"置为当前"按钮，将此样式设为当前标注样式。

步骤三 标注轴视图中的公称尺寸。

切换图层，将图层 5 切换到当前层。如"尺寸标注"样式不是当前样式，则选择"标注"工具栏中的✎按钮，将"尺寸标注"样式设置为当前样式。

（1）标注长度尺寸：标注长度尺寸一般可以使用以下两种方法：

① 通过在标注对象上指定尺寸线的起始点及终止点来创建尺寸标注。

② 直接选取要标注的对象。

DIMLINEAR 命令可以用于标注水平、竖直及倾斜方向的尺寸，它可以自动测量标注的两点间的距离，对直线和斜线进行线性尺寸标注。

① 标注长度尺寸"25"。

打开对象捕捉，设置捕捉类型为"端点"、"圆心"和"交点"。打开"图层特性管理器"，将"剖面线"图层关闭。单击"标注"工具栏上的线性按钮┡，启动 DIMLINEAR 命令。

命令：_dimlinear

指定第一个尺寸界线原点或 <选择对象>：（自左向右捕捉左端轴段ϕ25 两端点）

指定第二条尺寸界线原点：

指定尺寸线位置或

[多行文字（M）/文字（T）/角度（A）/水平（H）/垂直（V）/旋转（R）]：（向下移动鼠标，将尺寸线放置在适当位置，单击结束），自动标注文字 = 25

绘制结果如图 4-24 所示。

② 连续型尺寸标注，标注尺寸"60"、"25"。

命令：_dimcontinue（或单击 ⫙⫙⫙ 按钮）

指定第二条尺寸界线原点或 ［放弃（U）/选择（S）］ <选择>：

标注文字 = 60

指定第二条尺寸界线原点或 ［放弃（U）/选择（S）］ <选择>：

标注文字 = 25

指定第二条尺寸界线原点或 ［放弃（U）/选择（S）］ <选择>

注意：由多行文字（M）和文字（T）选项输入的文字将替代系统自动计算出的尺寸文字。

绘制结果如图 4-25 所示。

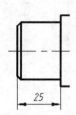

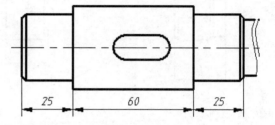

图 4-24　标注长度尺寸"25"　　　　　　　　　　　　图 4-25　标注尺寸"60"、"25"

DIMLINEAR 命令的选项介绍如下。

◆ 多行文字（M）：打开"在位文字编辑器"，利用此编辑器用户可输入新的标注文字。

◆ 文字（T）：在命令行上输入新的尺寸文字。

注意：若用户修改了系统自动标注的文字，则会失去尺寸标注的关联性，即尺寸数字不随标注对象的改变而改变。

◆ 角度（A）：设置文字的放置角度。

◆ 水平（H）/垂直（V）：创建水平或垂直型尺寸。用户也可以通过移动鼠标来指定创建何种类型的尺寸。若左右移动鼠标，则生成垂直尺寸；若上下移动鼠标，则生成水平尺寸。

◆ 旋转（R）：使用 DIMLINEAR 命令时，AutoCAD 自动将尺寸线调整成水平或垂直方向的。此选项可以使尺寸线倾斜一定角度，可利用此选项标注倾斜的对象。

③ 标注轴右端长度尺寸"26"。

命令：_dimlinear

指定第一个尺寸界线原点或 <选择对象>：　　　（从右至左捕捉右端轴段$\phi 25$ 两端点）

指定第二条尺寸界线原点：

指定尺寸线位置或

［多行文字（M）/文字（T）/角度（A）/水平（H）/垂直（V）/旋转（R）］：　　（向下移动鼠标，将尺寸线放置在适当位置，单击结束），自动标注文字 = 25

绘制结果如图 4-26 所示。

④ 基线型尺寸标注，标注尺寸"200"。

基线型尺寸是指所有的尺寸都是从同一点开始标注，即共用一条尺寸界线。创建这种形式的尺寸时，应首先建立一个尺寸标注，然后发出"基线"标注命令。

命令：_dimlinear 或单击 按钮　　　　　　　　　　　　　　　（标注尺寸"200"）

命令：_dimbaseline

指定第二条尺寸界线原点或 ［放弃（U）/选择（S）］ <选择>：

标注文字 = 158

指定第二条尺寸界线原点或 ［放弃（U）/选择（S）］ <选择>：↙（按 Enter 键结束）

双击尺寸数值"158"，删除被选中的 158，重新输入 200↙　　　　（将 158 改为 200）

绘制结果如图 4-27 所示。

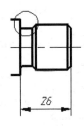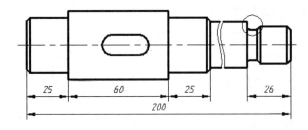

图 4-26　标注轴右端长度尺寸"26"　　　　　　图 4-27　标注基线型尺寸"200"

⑤ 标注键槽长度尺寸"12"、"28"。

绘制方法参考①、②，结果如图 4-28 所示。

（2）标注径向尺寸。

① 直接标注。

命令：_dimlinear↙

指定第一个尺寸界线原点或 <选择对象>：　　　（从左向右依次选

择"32"、"40"、"32"、"27"、"22"轴段标注）

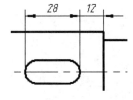

图 4-28　标注键槽长度
尺寸"12"、"28"

指定第二条尺寸界线原点：

指定尺寸线位置或

［多行文字（M）/文字（T）/角度（A）/水平（H）/垂直（V）/旋转（R）］：

标注文字 = 32

命令：DIMLINEAR↙

指定第一个尺寸界线原点或 <选择对象>：

指定第二条尺寸界线原点：

指定尺寸线位置或

［多行文字（M）/文字（T）/角度（A）/水平（H）/垂直（V）/旋转（R）］：

标注文字 = 40

命令：DIMLINEAR↙

指定第一个尺寸界线原点或 <选择对象>：

指定第二条尺寸界线原点：

指定尺寸线位置或

［多行文字（M）/文字（T）/角度（A）/水平（H）/垂直（V）/旋转（R）］：

标注文字 = 32

命令：DIMLINEAR↙

指定第一个尺寸界线原点或 <选择对象>：

指定第二条尺寸界线原点：

指定尺寸线位置或

［多行文字（M）/文字（T）/角度（A）/水平（H）/垂直（V）/旋转（R）］：

标注文字 = 27

命令：DIMLINEAR↙

指定第一个尺寸界线原点或 <选择对象>：

指定第二条尺寸界线原点：

指定尺寸线位置或

［多行文字（M）/文字（T）/角度（A）/水平（H）/垂直（V）/旋转（R）］：

标注文字 = 22

绘制结果如果 4-29 所示。

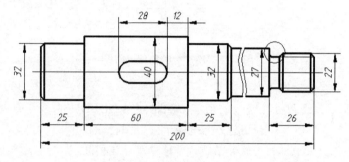

图 4-29　标注径向尺寸

② 为直径值添加前缀ϕ。

右击最右端直径值"32"，在弹出的菜单中选择"特性"，在弹出的对话框中，向下拖动滚动条，找到"主单位"——"标注前缀"项，在右侧空格处输入组合字符"%%c"，即特殊字符"ϕ"，单击对话框左上角的叉号，关闭对话框，得到如图 4-31 所示效果。

图 4-30　"特性"对话框

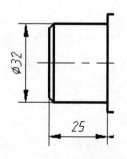

图 4-31　添加直径前缀ϕ

命令：_matchprop（或单击![按钮图标]按钮）

选择源对象： （刚才带前缀ϕ的直径尺寸）

选择目标对象或 ［设置（S）］： （分别选取"40"、"32"、"27"三个直径尺寸）

③ 为普通螺纹添加前缀 M

双击尺寸数值"22"，在"22"之前输入大写字母"M"，在空白处单击。

绘制结果如图 4-32 所示。

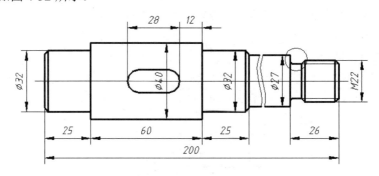

图 4-32 添加螺纹前缀"M"

编辑尺寸标注主要包括以下几个方面。

◆ 修改标注文字：修改标注文字的最佳方法是使用 DDEDIT 命令（或者双击要修改的尺寸），发出该命令后，用户可以连续地修改想要编辑的尺寸。

◆ 调整标注位置：夹点编辑方式非常适合于移动尺寸线和标注文字，单击选中要调整的尺寸进入这种编辑模式，一般利用尺寸线两端或标注文字所在处的夹点来调整标注位置。

◆ 调整平行尺寸线之间的距离：对于平行尺寸间的距离可用 DIMSPACE 命令（或者单击"标注"工具栏的![图标]按钮）调整，该命令可使平行尺寸线按用户指定的数值等间距分布。

◆ 编辑尺寸标注属性：使用 PROPERTIES 命令可以非常方便地编辑尺寸标注属性。用户一次选取多个尺寸标注，启动 PROPERTIES 命令（或者单击"标准"工具栏的![图标]按钮），AutoCAD 打开"特性"对话框，在此对话框中可修改标注字高、文字样式及总体比例等属性。

◆ 修改某一尺寸标注的外观：先通过尺寸样式的覆盖方式调整样式，然后利用"标注"工具栏上的![图标]按钮去更新尺寸标注。

（3）标注局部放大图尺寸

① 标注退刀槽宽度。

命令：_dimlinear↙

指定第一个尺寸界线原点或 <选择对象>：

指定第二条尺寸界线原点：

指定尺寸线位置或

［多行文字（M）/文字（T）/角度（A）/水平（H）/垂直（V）/旋转（R）］：

标注文字 = 12

② 标注两圆弧半径。

命令：_dimradius↙

选择圆弧或圆：

标注文字 = 3

指定尺寸线位置或 ［多行文字（M）/文字（T）/角度（A）］：

命令：_dimradius↙

选择圆弧或圆：

标注文字 = 1

指定尺寸线位置或 ［多行文字（M）/文字（T）/角度（A）］：

绘制结果如图 4-33 所示。

③ 修改局部放大图中标注线性比例：右击"R3"，在弹出的右键菜单中点选"特性"，在弹出的对话框中，向下拖动滚动条，在"主单位"——"标注线性比例"右侧的空格中，将数值 1 修改为"0.5"（因此图形被放大 2 倍，标注时需相应缩小），精度改为"0.0"，如图 4-34 所示。

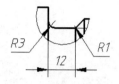

图 4-33　局部放大图标注

关闭对话框。

命令：_matchprop　　　　　　　　　　　　　　（或单击 按钮）

选择源对象：　　　　　　　　　　　　　　　　（刚才修改的"R1.5"）

选择目标对象或 ［设置（S）］：　　　　　　　　（选取"R1"）

④ 双击槽宽尺寸"12"，删除被选中的"12"，重新输入"6×2"↙（键槽宽 6，深 2）

绘制结果如图 4-35 所示。

主单位	
小数分隔符	.
标注前缀	
标注后缀	
标注舍入	0.00
标注线性比例	0.50
标注单位	小数
消去前导零	否
消去后续零	否
消去零英尺	是
消去零英寸	是
精度	0.0

图 4-34　主单位选项"特性"对话框

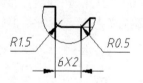

图 4-35　局部放大图尺寸

四、尺寸公差标注

步骤一　尺寸上下极限偏差标注。

创建尺寸上下极限偏差的方法有以下两种。

（1）利用"特性"修改的方式标注尺寸公差。

标注尺寸公差 $\phi 32^{+0.011}_{-0.005}$。

选中尺寸"$\phi 32$"，单击"标准"工具栏上的 按钮，打开"特性"对话框，在"显示公差"和"公差精度"下拉列表中分别选择"极限偏差"和"0.000"，在"公差下偏差"、"公差上偏差"和"公差文字高度"数值框中分别输入"0.005"、"0.011"和"0.7"，按 Enter 键确认，结果如图 4-36 所示。

AutoCAD机械制图项目教程

 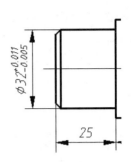

图4-36 利用"特性"对话框修改标注尺寸公差

注意： AutoCAD 约定上偏差的值为正值或零，下偏差的值为负值或零，所以在"上偏差"和"下偏差"数值框中输入数值时，不必输入正负号，标注时，系统会自动加上。

（2）标注时，利用"多行文字（M）"选项打开在位文字编辑器，然后采用堆叠文字方式标注尺寸公差。

标注尺寸公差$\phi 32^{+0.011}_{-0.005}$。

删除之前标注的"$\phi 32$"。

命令：_dimlinear↙

指定第一个尺寸界线原点或<选择对象>：　　　　　　　（重新注标该尺寸）

指定第二条尺寸界线原点：

指定尺寸线位置或

[多行文字（M）/文字（T）/角度（A）/水平（H）/垂直（V）/旋转（R）]：m↙

输入"M"后回车，AutoCAD 自动打开在位文字编辑器，在文本框自动标注尺寸后输入"+0.011^－0.005"，并选中它们，然后在"选项"中选择"堆叠"，如图4-37（a）所示。

单击"确定"按钮，绘制结果如图4-37（b）所示。

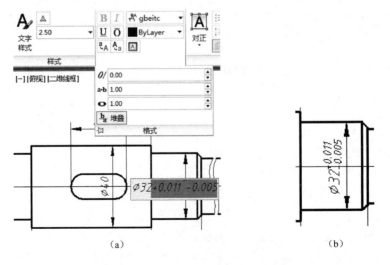

（a）　　　　　　　　　　　　　　　（b）

图4-37 "多行文字"标注上下偏差

步骤二 公差带代号标注。

双击"ϕ40"尺寸，在其尺寸数字后输入"h7"，退出，如图 4-38 所示。

五、引线标注

引线标注由箭头、引线、基线（引线与标注文字间的线）、多行文字或图块组成，如图 4-39 所示。其中，箭头的形式、引线外观、文字属性及图块形状等由引线样式控制。

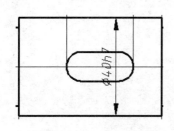

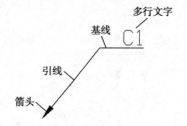

图 4-38 公差带代号标注　　　　　　　　　图 4-39 引线标注

选中引线标注对象，利用夹点移动基线，则引线、文字和图块随之移动。若利用夹点移动箭头，则只有引线跟随移动，基线、文字和图块不动。

标注尺寸"C1"。

（1）打开多"重引线线"工具栏，如图 4-40 所示。

图 4-40 "多重引线"工具栏

（2）建立多重引线样式：单击"多重引线"工具栏的 按钮，打开"多重引线样式管理器"对话框，如图 4-41 所示。利用该对话框可以新建、修改、重命名或删除引线样式。

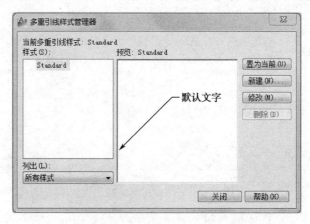

图 4-41 "多重引线样式管理器"对话框

单击"修改..."按钮，打开"修改多重引线样式：Standard"对话框，如图 4-42 所示。在对话框中完成以下设置。

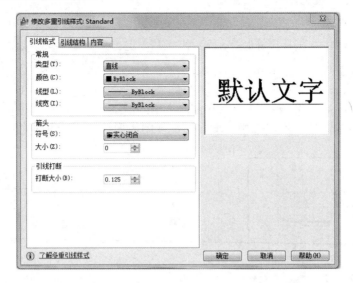

图 4-42 "修改多重引线样式：Standard"对话框

①"引线格式"选项卡："大小"框数值改为"0"，如图 4-42 所示。

②"引线结构"选项卡：设置如图 4-43 所示。其中"设置基线距离"框中的数值表示基线的长度。

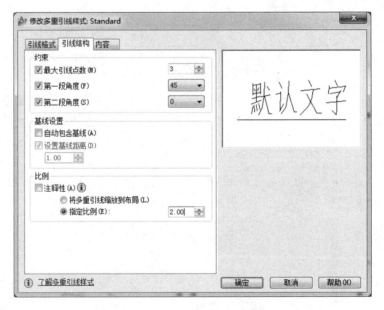

图 4-43 "引线结构"选项卡

③"内容"选项卡：设置如图 4-44 所示。其中，"基线间隙"框中的数值表示基线与标注文字间的距离。

单击"确定"按钮确认。

（3）引线标注：单击"多重引线"工具栏的 按钮，启动创建多重引线标注命令。

命令：_mleader✓

指定引线箭头的位置或 ［引线基线优先（L）/内容优先（C）/选项（O）］ <选项>：（指

定引线起点）

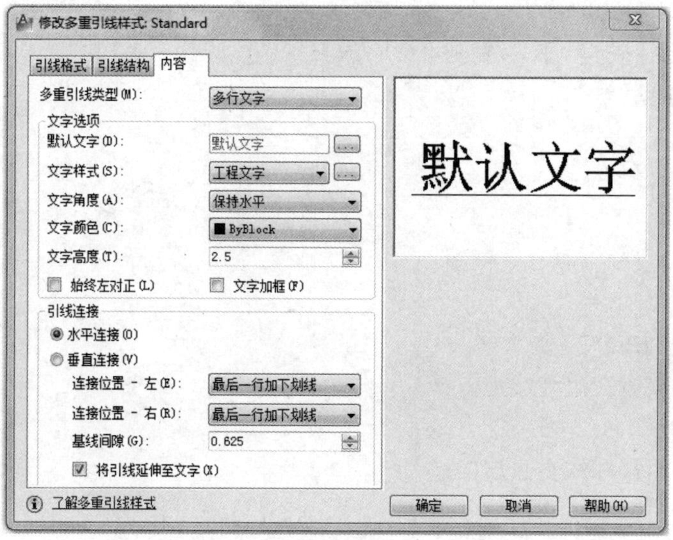

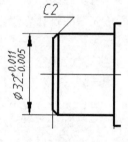

图 4-44 "内容"选项卡

指定下一点： （指定引线第二点）

指定引线基线的位置：（指定引线第三点；启动在位文字编辑器，输入标注文字"C2"）

绘制结果如图 4-45 所示。

重复命令，创建另一个引线标注。

六、断面图的标注

参照"尺寸上下极限偏差标注"方法，完成键槽断面图标注，如图 4-46 所示。

图 4-45 引线标注

若要调整尺寸或文字位置，则可以在选中文字，并选取蓝色夹持块后，按 Ctrl 键切换不同的方案，具体操作如下。

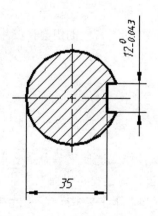

图 4-46 键槽断面图标注

命令：

** 拉伸 **

指定拉伸点或 ［基点（B）/复制（C）/放弃（U）/退出（X）］：

** 随尺寸线移动 **

指定目标点：

** 仅移动文字 **

指定目标点：

** 随引线移动 **

指定目标点：

** 在尺寸线上方 **

拾取以将文字放置在尺寸线上方：

** 垂直居中 **

拾取以使文字沿尺寸线垂直居中：

** 重置文字位置 **

拾取以将文字重置到默认位置：

七、注释文字的标注

在实际绘图时，常常需要在图形中增加一些注释性的说明，把文字和图形结合在一起来表达完整的设计思想。AutoCAD 中有两类文字对象，一类是单行文字（由 DTEXT 命令创建），另一类是多行文字（由 MTEXT 命令创建）。一般比较简短的文字项目常采用单行文字，如标题栏信息、尺寸标注说明等；而对带有段落格式的信息常采用多行文字，如技术条件等。

步骤一 创建文字样式。

每种文字都有不同的字体，如英文的"Romanic"、"Italics"，中文的"黑体"、"楷体"、"宋体"、"仿宋体"等。在图形中添加文字时，除了可选用不同的字体外，还可以指定文字的高度，甚至还可以让文字按一定的角度倾斜等。

由于用途的多样性，用户常常以不同的样式在图形中标注文字，以表达完整的设计思想或增加图样的清晰度。为了方便绘图，AutoCAD 允许用户将自己经常用到的文字标注样式命名保存，以便在绘图中随时调用。这种可以命名保存的文字标注样式称为文字样式。文字样式实际上是各有关文字标注时的一些使用特性的组合，其中包括文字的字体、高度、宽度、宽度因子、倾斜角度等。AutoCAD 向用户提供了默认的文字样式（Standard），其特点是字体结构简单、显示速度快。

用户可以用 STYLE 命令定义多种文字样式，然后再配合文字标注命令进行文字标注，这就像在不同的绘图区域用不同的模块写字一样方便。

创建文字样式的步骤如下：

（1）单击"样式"面板上的 按钮或选择菜单命令 格式 → 文字样式 ，打开"文字样式"对话框，如图 4-47（a）所示。通过该对话框可以命名新的文字样式。

（2）单击"新建…"按钮，打开"新建文字样式"对话框，如图 4-48 所示，在"样式名"文本框中输入文字样式的名称"工程文字"。

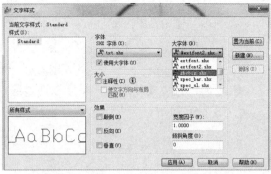

(a)　　　　　　　　　　　　　　　　　(b)

图 4-47　"文字样式"对话框

图 4-48　"新建文字样式"对话框

（3）单击"确定"按钮，返回"文字样式"对话框，勾选"使用大字体（V）"，"字体样式"下拉列表更新为"大字体"下拉列表，在该下拉列表中选择"gbcbig.shx"如图 4-47（b）所示。

（4）单击"应用"按钮，然后关闭"文字样式"对话框。

"文字样式"对话框中的常用选项介绍如下。

◆ "新建…"按钮：单击此按钮，可以创建新文字样式。

◆ "删除"按钮：从"样式"列表框中选择要删除的文字样式，单击此按钮，即可将不再需要保存的文字样式删除。当前样式和正在使用的文字样式不能被删除。

◆ 字体名：此下拉列表中罗列了所有的字体。带有双"T"标志的字体是 Windows 系统提供的"TrueType"字体，其他字体是 AutoCAD 自己的字体（*.shx）。其中，"gbenor.shx"（直体西文）和"gbeitc.shx"（斜体西文）是符合国标的工程字体。

◆ 使用大字体：大字体是专为亚洲国家设计的文字字体。其中，"gbcbig.shx"是符合国标的工程汉字字体，该字体文件还包含一些常用的特殊符号。由于"gbcbig.shx"中不包含西文字体定义，所以使用时可将其与"gbenor.shx"和"gbeitc.shx"字体配合使用。

◆ 高度：输入字体的高度。如果高度值设为"0"，则在 DTEXT 命令和 MTEXT 命令中使用这种文字样式时，系统会提示"指定高度："，要求用户指定文字的高度，这样可以使文字标注更具灵活性；如果在"高度"文本框中输入了文字的高度，则 AutoCAD 将按此高度标注文字，不再提示"指定高度："。

◆ 颠倒：选中此复选框，文字以通过起点的水平线作镜像。该选项仅影响单行文字，如图 4-49 所示。

AutoCAD 2012　　　　AutoCAD 2012

（a）不勾选　　　　　　　（b）勾选

图4-49　"颠倒"复选框

◆ 反向：选中此复选框，文字以通过起点的垂直线用镜像。该选项仅影响单行文字，如图4-50所示。

AutoCAD 2012　　　　AutoCAD 2012

（a）不勾选　　　　　　　（b）勾选

图4-50　"反向"复选框

◆ 宽度因子：默认值为"1"，表示按系统定义的高宽比标注文字。当该值小于1时，字会变窄，反之会变宽，如图4-51所示。

AutoCAD 2012　　　　AutoCAD 2012

（a）"宽度因子"为"1"　　　（b）"宽度因子"为"0.5"

图4-51　调整"宽度因子"数值

◆ 倾斜角度：用于指定文字的倾斜角，即字符与垂线间的夹角。向右倾斜时，角度为正，反之为负，如图4-52所示。

AutoCAD 2012　　　　AutoCAD 2012

（a）正角度　　　　　　　（b）负角度

图4-52　设置文字的倾斜角度

◆ 垂直：用于垂直排列文字。对于"TrueType P"字体而言，该选项不起作用，如图4-53所示。

AutoCAD 2012

（a）不勾选　　　　　　　（b）勾选

图4-53　"垂直"复选框

◆ "应用"按钮：文字样式的刷新。若文字样式名称不变而某些标注特性（如字体、高度等）发生变化，则通过单击该按钮，可将当前图形中应用该文字样式标注的文字进行刷新。例如，用户已创建了文字样式"样式 1"，其中字体设置为"宋体"，且使用该文字样式输入了某些文字。如果用户通过"文字样式"对话框将"样式 1"的字体重新设置为仿宋体，然后单击"应用"按钮，则原应用"样式 1"文字样式输入的文字自动刷新为仿宋体。

步骤二 标注文字。

将"文字"层设为当前层，根据需要调用"单行文字"或"多行文字"命令，完成轴零件图文字的标注。

（1）用"单行文字"标注标题栏文字：轴零件标题栏如图 4-54 所示。

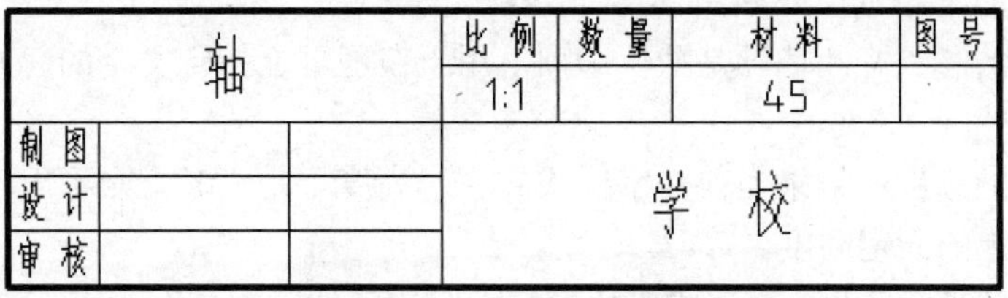

轴	比 例	数 量	材 料	图 号
	1:1		45	
制 图			学 校	
设 计				
审 核				

图 4-54 轴零件标题栏

为了方便对正，可先在标题栏需要标注文字的栏中作对角线，用来辅助定位文字，如图 4-55 所示。

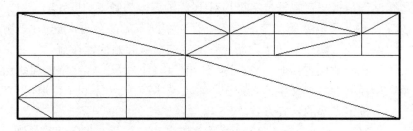

图 4-55 作对角线

输入命令 DTEXT，启动创建单行文字命令。

命令：DTEXT✓

当前文字样式："工程文字" 文字高度：5.0000 注释性：否

指定文字的起点或 ［对正（J）/样式（S）］：j✓

输入选项

［对齐（A）/布满（F）/居中（C）/中间（M）/右对齐（R）/左上（TL）/中上（TC）/右上（TR）/左中（ML）/正中（MC）/右中（MR）/左下（BL）/中下（BC）/右下（BR）］：m✓

指定文字的中间点：_mid 于　　　　　　　　　　　　　（捕捉对角线的中点）

指定文字的旋转角度 <0>：✓

切换至中文输入法，输入"制 图"。

绘制结果如图 4-56 所示。

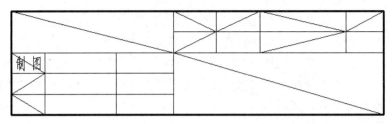

图 4-56　用"单行文字"标注文字

同样方法标注其余文字，其中"轴"、"学校"的字体高度设为"8"，最后将辅助线删除。

注意：如果图形中的文本没有正确显示出来，多数情况是由于文字样式所连接的字体不合适。

DTEXT 命令的常用选项介绍如下：

◆ 指定文字的起点：此选项是默认选项，用于在屏幕上指定文字的起始点，即文字的左下角点。

◆ 指定文字的高度：如果当前文字样式的文字高度不是"0"，则不出现该提示，取文字样式中规定的固定高度。

◆ 指定文字的旋转角度：文字的旋角度是按照文字的基线相对于 X 轴方向的角度来计量的，逆时针方向为正，反之为负。

这里的"旋转角度"与 STYLE 命令中的"倾斜角度"的区别在于：

◇ "旋转角度"是指文本行基线相对于 X 轴方向的倾斜角度。

◇ "倾斜角度"是指文字中每个字符相对于 Y 轴方向的倾斜角度。

◆ 输入文字：输入所需要的文字。输入一行文字回车后，会再次提示："输入文字:"，此时可以继续输入新一行文字。新一行文字的默认起始位置在前一行文字的正下方。这时也可以在其他位置拾取一点，则该拾取点将作为新一行文字的起始点。用户可以一直输入所需要的多行文字，直到在"输入文字:"提示下回车，退出 DTEXT 命令。

◆ 对正（J）：设定文字的对齐方式。

若在"指定文字的起点或［对正（J）/样式（S）］:"的提示下输入"J"，则 AutoCAD 提示：

输入选项

［对齐（A）/布满（F）/居中（C）/中间（M）/右对齐（R）/左上（TL）/中上（TC）/右上（TR）/左中（ML）/正中（MC）/右中（MR）/左下（BL）/中下（BC）/右下（BR）］:

AutoCAD 允许用户在这 14 种对正模式中选择一种。

◆ 布满（F）：使用此选项时，系统提示指定文本分布的起始点、结束点及文字高度。当用户选定两点并输入文本后，系统把文字压缩或扩展，使其充满指定的宽度范围，如图 4-57 所示。

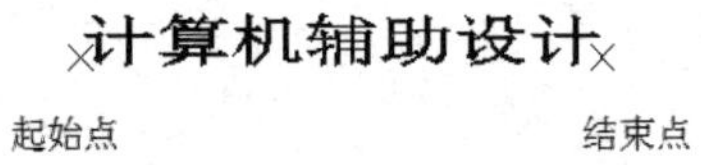

计算机辅助设计

起始点　　　　　　　　　　结束点

图 4-57　"布满"选项

◆ 样式（S）：该选项用于改变当前文字样式，可输入图形中已定义的其他文字样式。在当前图形中，文字样式可以有很多种，但当前文字样式只能有一个。当前文字样式决定着当前及以后文字的标注样式，直至再次改变文字样式。

（2）用"多行文字"标注技术要求。用 DTEXT 命令可以形成多行文字（多个单行），但它不是真正的多行文字，而是多个独立对象（单行文字）的组合。而用 MTEXT 命令生成的文字段落（多行文字），可以由任意数目的文字组成，所有的文字构成一个单独的实体。MTEXT 命令可以创建复杂的文字说明。使用 MTEXT 命令时，用户可以指定文本分布的宽度，但文字沿竖直方向可以无限延伸。此外，用户还能设置多行文字中单个字符或某部分文字的属性（包括文本的字体、倾斜角度和高度）。

① 输入命令 MTEXT，或单击"绘图"工具栏的 **A** 按钮，启动创建单行文字命令。

命令：_mtext 当前文字样式："工程文字" 文字高度：2.5 注释性：否

指定第一角点： （在零件图标题栏左侧空白处合适位置单击）

指定对角点或 ［高度（H）/对正（J）/行距（L）/旋转（R）/样式（S）/宽度（W）/栏（C）］：（在合适位置取另一点）

系统弹出"文字格式"选项卡（见图 4-58）与"在位文字编辑器"（见图 4-59）。

图 4-58 "文字格式"选项卡

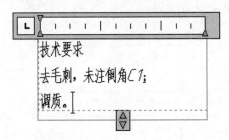

图 4-59 "在位文字编辑器"

"在位文字编辑器"使用方法如下：

"在位文字编辑器"顶部带标尺，利用标尺用户可设置首行文字及段落文字的缩进，还可设置制表位。

拖动标尺上第一行的缩进滑块可改变所选段落第一行的缩进位置。

拖动标尺上第二行的缩进滑块可改变所选段落其余行的缩进位置。

标尺上显示了默认的制表位，要设置新的制表位，可用单击标尺；要删除创建的制表位，可用鼠标按住制表位，将其拖出标尺。

② 在 文本框中输入"3.5"，在"在位文字编辑器"中输入文字，如图 4-59 所示。

③ 选中文字"技术要求"，然后在 文本框中输入"5"，回车，结果如图 4-60 所示。

④ 选中其他文字，单击"段落"面板上的 按钮，选择"以数字标记"选项，再利用标

尺上第二行的缩进滑块调整标记数字与文字间的距离，结果如图 4-61 所示。

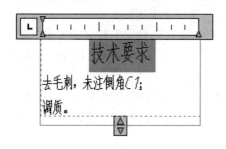

技术要求
去毛刺，未注倒角C1；
调质。

图 4-60　修改文字高度

段落：7.00
技术要求
1. 去毛刺，未注倒角C1；
2. 调质。

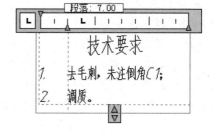

图 4-61　添加数字编号

⑤ 单击“确定”按钮，完成多行文字标注，结果如图 4-62 所示。

技术要求
1. 去毛刺，未注倒角C1；
2. 调质。

图 4-62　用多行文字标注“技术要求”

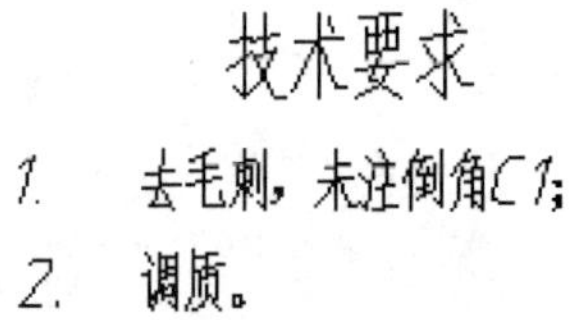

说明如下。

① 添加特殊字符：工程图中用到的许多符号都不能通过标准键盘直接输入，如“°”及文字下画线、直径代号等。当用户用 DTEXT 或 MTEXT 命令创建文字注释时，必须输入特殊的代码来产生特定的字符，这些代码及对应的特殊符号见表 4-1。

表 4-1　特殊字符的代码

特殊字符	代　码
文字的上画线	%%o
文字的下画线	%%u
度（°）	%%d
正负号（±）	%%p
直径代号（ϕ）	%%c

此外，AutoCAD 定义符号文字样式，选“gdt.shx”字体，输入不同字母可得到相应符号。常用符号及对应代码见表 4-2。

表 4-2　常用符号的代码

符　号	代　码
ϕ直径	N
⌴柱形沉孔符号	V
∨V 形沉孔符号	W
↧深度符号	X
□方形符号	O

② 利用“字符映射表”插入符号：在文本输入窗口中右击，在弹出的快捷菜单中选择符号→其他，打开“字符映射表”对话框，如图 4-63 所示。

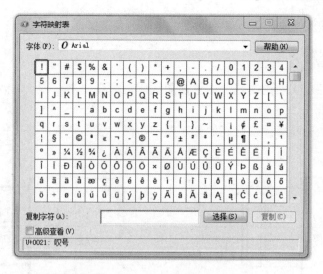

图 4-63 "字符映射表"对话框

选中所需符号，如"！"，单击"选择"按钮，再单击"复制"按钮。

返回"在位文字编辑器"，在需要插入符号的地方单击，然后右击，在弹出的快捷菜单中选择"粘贴"。

（3）标注分数形式文字。

标注局部放大图名称及比例。

单击**A**按钮，调用"多行文字"命令，输入"I/2：1"，选中后单击 ᕫᵇ（堆叠）按钮，结果如图 4-64 所示。

该方法可具体应用到局部放大图的标注，如图 4-65 所示。

图 4-64 分数标注

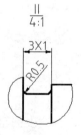

图 4-65 局部放大图标注

步骤三 编辑文字。

（1）使用 DDEDIT 命令修改文本：选择不同的对象，系统将打开不同的对话框。对于单行文字，系统显示文本编辑框，用户可在其中修改文字；对于多行文字，系统则打开"在位文字编辑器"。

用 DDEDIT 命令编辑文本的优点是，此命令连续地提示用户选择要编辑的对象，因而只要发出 DDEDIT 命令就能一次修改许多文字对象。

（2）用 PROPERTIES 命令修改文本：选择要修改的文字后右击，在弹出的快捷菜单中选择"特性"，启动 PROPERTIES 命令，打开"特性"对话框。在此对话框中，用户不仅能修改文本的内容，还能编辑文本的许多其他属性，如高度及文字样式、对齐方式等。

八、图线及位置调整

步骤一 修剪穿越文字的图线，如主视图键槽轮廓线、中心线，机械制图规定：凡穿越文字的图线应一律断开。

此处可用矩形命令将有图线穿越的文字框出，然后进行修剪，最后将所作矩形框删除，如图 4-66 所示。

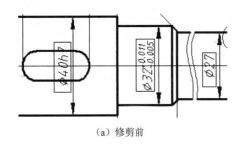
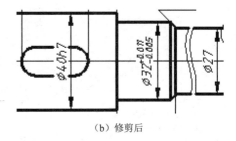

（a）修剪前　　　　　　　　　　　　　　　（b）修剪后

图 4-66　修剪多余图线

步骤二 调整全图在图框中的位置及间距。

利用移动命令完成，绘制结果如图 4-1 所示。

任务 4.2　盘盖类零件图的绘制

任务引入

按照图 4-67 完成钻模板零件图。要求在读懂图形的基础上完成以下任务：

1. 配置绘图环境。
2. 完成钻模板零件图的绘制。
3. 标注尺寸。
4. 属性块制作，标注表面粗糙度。
5. 注写文字、填写标题栏。

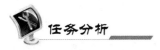任务分析

钻模板的主要作用是在批量加工孔时用于装配钻套，以提高加工效率。该零件的结构相对简单，但与钻套相配合的孔及端面加工要求较高，以保证正确引导孔加工刀具，高效加工出符合精度要求的孔。

本次任务主要有以下几个步骤：调用模板文件、绘制图形（选用正确线型）、设置符合国标的绘图环境（选用合理的文字样式、尺寸样式等）、正确标注。因表面粗糙度的数值会有变化，为便于调用，可以将其制作成为属性块，为便于外部文件调用，可输出成为块文件。属

性块制作和粗糙度的标注是本次任务重点。

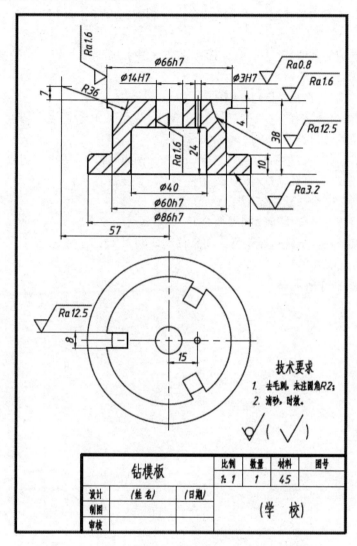

图4-67　钻模板零件图

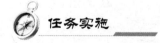 任务实施

一、配置绘图环境

同任务1.3的内容，配置绘图环境，选择 A4 样板图（竖版），并将其另存为"钻模板.dwg"，打开常用工具栏，将其移动到适当位置，根据要求建立图层。

二、图形绘制

步骤一　绘制主、俯视图的中心线。

将图层4设置为当前层，调用直线命令绘制，结果如图4-68所示。

步骤二 绘制俯视图。

（1）将图层 1 设置为当前层。调用圆命令，绘制ϕ86、ϕ66、ϕ14 圆。

命令：C✓

CIRCLE 指定圆的圆心或 ［三点（3P）/两点（2P）/切点、切点、半径（T）］：　　　（单击俯视图两中心线交点为圆心，下同）

指定圆的半径或 ［直径（D）］：43✓

命令：CIRCLE 指定圆的圆心或 ［三点（3P）/两点（2P）/切点、切点、半径（T）］：

指定圆的半径或 ［直径（D）］<43.00>：33✓

命令：CIRCLE 指定圆的圆心或 ［三点（3P）/两点（2P）/切点、切点、半径（T）］：

指定圆的半径或 ［直径（D）］<33.00>：7✓

（2）调用"圆"命令，绘制ϕ3 圆。

命令：✓（回车，继续执行绘制圆命令）

指定圆心：鼠标在ϕ86 圆心处停留，向右移动，输入 15✓

指定圆的半径：1.5✓

绘制结果如图 4-69 所示。

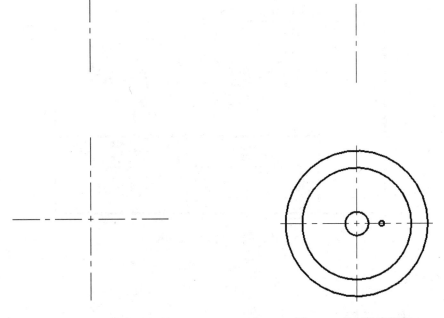

图 4-68　绘制主、俯视图中心线　　　　　　　　图 4-69　绘制俯视图圆

步骤三 绘制主视图。

（1）根据"长对正"原理，调用构造线命令，绘制主视图竖起部分的外轮廓线。

命令：_xline 指定点或 ［水平（H）/垂直（V）/角度（A）/二等分（B）/偏移（O）］：

指定通过点：<正交开>单击所有圆与水平中心线的交点

指定通过点：竖直向上任意位置单击（得到垂直构造线）

命令：✓　　　　　　　　　　　　　　　　　　（或按空格键）…

重复以上命令，完成大部分垂直构造线的绘制，如图 4-70 所示。

（2）绘制主视图外轮廓水平线：调用构造线命令。

命令：_xline 指定点或 ［水平（H）/垂直（V）/角度（A）/二等分（B）/偏移（O）］：

指定通过点：点击主视图垂直中心线下端点

指定通过点：水平向右上任意位置单击（得到水平构造线）

调用偏移命令，得到另外三条水平线。

选中垂直中心线，选取下端蓝色夹持块，向下拉伸"5"。

绘制结果如图 4-71 所示。

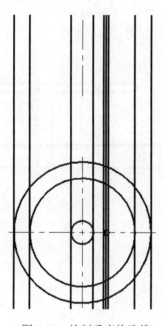

图 4-70　绘制垂直构造线

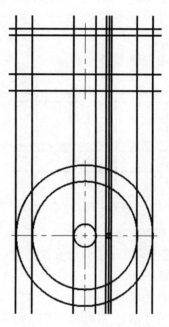

图 4-71　绘制水平构造线

（3）修剪多余轮廓线：调用修剪命令，合理确定修剪对象，分步骤进行修剪。

① 修剪主视图下端矩形。

命令：TRIM

当前设置：投影=UCS，边=无

选择剪切边…

选择对象或<全部选择>：找到 1 个

选择对象：找到 1 个，总计 2 个

选择对象：找到 1 个，总计 3 个

选择对象：找到 1 个，总计 4 个　　　　　　　　（分别选取主视图中φ86 圆柱 4 条边）

选择对象：↙（确认所选取边界）

选择要修剪的对象，或按住 Shift 键选择要延伸的对象，或

［栏选（F）/窗交（C）/投影（P）/边（E）/删除（R）/放弃（U）］：　（依次选取要修剪
的线段）

绘制结果如图 4-72 所示。

② 修剪主视图上端矩形。

命令：TRIM↙

当前设置：投影=UCS，边=无

选择剪切边...

选择对象或<全部选择>：指定对角点：找到 3 个

选择对象：找到 1 个，总计 4 个　　　（分别选取主视图中φ66 圆柱 4 条边）

选择对象：↙　　　　　　　　　　　（确认所选边界）

选择要修剪的对象，或按住 Shift 键选择要延伸的对象，或

[栏选（F）/窗交（C）/投影（P）/边（E）/删除（R）/放弃（U）]：

　　　　　　　　　　　　　　　　　　（依次选取要修剪的线段）

绘制结果如图 4-73 所示。

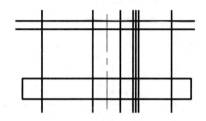

图 4-72　修剪主视图下端矩形

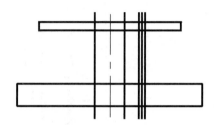

图 4-73　修剪主视图上端矩形

（4）绘制内轮廓。

① 偏移内轮廓线：调用偏移命令，绘制φ40 内孔。

命令：OFFset↙

当前设置：删除源=否　图层=源　OFFSETGAPTYPE=0

指定偏移距离或 ［通过（T）/删除（E）/图层（L）］ <4.00>：　20

选择要偏移的对象，或 ［退出（E）/放弃（U）］ <退出>：（选取主视图中垂直中心）

指定要偏移的那一侧上的点，或 ［退出（E）/多个（M）/放弃（U）］ <退出>：

　　　　　　　　　　　　　　　　　　　　　　（在右侧单击）

选择要偏移的对象，或 ［退出（E）/放弃（U）］ <退出>：　（选取中主视图中垂直中心）

指定要偏移的那一侧上的点，或 ［退出（E）/多个（M）/放弃（U）］ <退出>：

　　　　　　　　　　　　　　　　　　　　　　（在左侧单击）

选择要偏移的对象，或 ［退出（E）/放弃（U）］ <退出>：↙

命令：OFFSET↙

当前设置：删除源=否　图层=源　OFFSETGAPTYPE=0

指定偏移距离或 ［通过（T）/删除（E）/图层（L）］ <20.00>：　24

选择要偏移的对象，或 ［退出（E）/放弃（U）］ <退出>：（选取主视图下端面水平线）

指定要偏移的那一侧上的点，或 ［退出（E）/多个（M）/放弃（U）］ <退出>：

　　　　　　　　　　　　　　　　　　　　　　　　（在上方单击）

选择要偏移的对象，或 ［退出（E）/放弃（U）］ <退出>：↙

绘制结果如图 4-74 所示。

② 修剪内轮廓线：调用修剪命令，对多余线段进行修剪。

命令：TRIM↙

当前设置：投影=UCS，边=无

选择剪切边…

选择对象或 <全部选择>：找到 1 个　　　　　　　（选取φ40 圆柱右侧投影线）

选择对象：找到 1 个，总计 2 个　　　　　　　（选取φ40 圆柱左侧投影线）

选择对象：找到 1 个，总计 3 个　　　　　　　（选取φ40 圆柱上端面投影线）

选择对象：找到 1 个，总计 4 个　　　　　　　（选取φ40 圆柱下端面投影线）

选择对象：↙　　　　　　　　　　　　　　　　（确认所选边界）

选择要修剪的对象，或按住 Shift 键选择要延伸的对象，或

[栏选（F）/窗交（C）/投影（P）/边（E）/删除（R）/放弃（U）]：

　　　　　　　　　　　　　　　　　　　　　　（依次选取要修剪的线段）

绘制结果如图 4-75 所示。

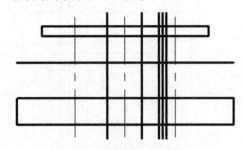

图 4-74　偏移内轮廓线

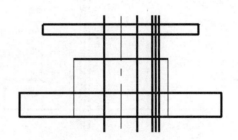

图 4-75　修剪内轮廓线

（5）绘制φ60h7 外圆。

① 调用偏移命令，绘制φ60h7 外圆。

命令：OFFset↙

当前设置：删除源=否　　图层=源　　OFFSETGAPTYPE=0

指定偏移距离或 ［通过（T）/删除（E）/图层（L）］ <4.00>：30

选择要偏移的对象，或 ［退出（E）/放弃（U）］ <退出>：（选取主视图中垂直中心）

指定要偏移的那一侧上的点，或 ［退出（E）/多个（M）/放弃（U）］ <退出>：

　　　　　　　　　　　　　　　　　　　　　　（在右侧单击）

选择要偏移的对象，或 ［退出（E）/放弃（U）］ <退出>：（选取中主视图中垂直中心）

指定要偏移的那一侧上的点，或 ［退出（E）/多个（M）/放弃（U）］ <退出>：

　　　　　　　　　　　　　　　　　　　　　　（在左侧单击）

选择要偏移的对象，或 ［退出（E）/放弃（U）］ <退出>：↙

② 修剪φ60h7 圆柱轮廓线：调用修剪命令，对多余线段进行修剪。

命令：TRIM↙

当前设置：投影=UCS，边=无

选择剪切边…

选择对象或 <全部选择>：找到 1 个　　　　　　　（选取φ60 圆柱右侧投影线）

选择对象：找到 1 个，总计 2 个　　　　　　　（选取ϕ60 圆柱左侧投影线）

选择对象：找到 1 个，总计 3 个　　　　　　　（选取ϕ66 圆柱下端面投影线）

选择对象：找到 1 个，总计 4 个　　　　　　　（选取ϕ86 圆柱上端面投影线）

选择对象：↙　　　　　　　　　　　　　　（确认所选边界）

选择要修剪的对象，或按住 Shift 键选择要延伸的对象，或

[栏选（F）/窗交（C）/投影（P）/边（E）/删除（R）/放弃（U）]：

　　　　　　　　　　　　　　　　　　　　（依次选取要修剪的线段）

绘制结果如图 4-76 所示。

（6）修改线型：选取ϕ40 圆柱以及ϕ60 圆柱的 4 条垂直中心线，在"图层管理"对话框中，将其放入图层 1，使中心线成为粗实线。

选中ϕ3 圆柱的中心线（粗实线），在"图层管理"对话框中，将其放入图层 4，使粗实线成为中心线，绘制结果如图 4-77 所示。

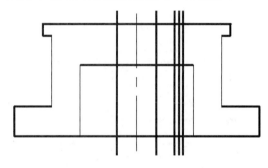

图 4-76　绘制ϕ60 圆柱

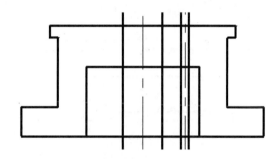

图 4-77　修改线型为粗实线

（7）修剪ϕ3、ϕ14 轮廓线。

① 调用修剪命令，对多余线段进行修剪。

命令：TRIM↙

当前设置：投影=UCS，边=无

选择剪切边…

选择对象或 <全部选择>：找到 1 个（选取ϕ40 圆柱上端面投影线）

选择对象：找到 1 个，总计 2 个　　　　　　（选取ϕ66 圆柱上端面投影线）

选择对象：↙　　　　　　　　　　　　　　（确认所选边界）

选择要修剪的对象，或按住 Shift 键选择要延伸的对象，或

[栏选（F）/窗交（C）/投影（P）/边（E）/删除（R）/放弃（U）]：

　　　　　　　　　　　　（依次选取ϕ3、ϕ14 圆柱要修剪的线段，包括中心线）

② 拉伸ϕ3 主视图中心线：选中中心线，分别选取两端蓝色夹持块，分别拉伸"3"。

绘制结果如图 4-78 所示。

（8）绘制 R36 圆弧。

① 调用偏移命令，确定其圆心。

命令：OFFSET↙

当前设置：删除源=否　图层=源　OFFSETGAPTYPE=0

指定偏移距离或 ［通过（T）/删除（E）/图层（L）］ <30.00>： 57↙
选择要偏移的对象，或 ［退出（E）/放弃（U）］ <退出>： （选中主视图垂直中心线）
指定要偏移的那一侧上的点，或 ［退出（E）/多个（M）/放弃（U）］ <退出>：

（在中心线左侧点击）

选择要偏移的对象，或 ［退出（E）/放弃（U）］ <退出>：↙

（结束当前偏移）

命令：OFFSET↙
当前设置：删除源=否　图层=源　OFFSETGAPTYPE=0
指定偏移距离或 ［通过（T）/删除（E）/图层（L）］ <57.00>： 7↙
选择要偏移的对象，或 ［退出（E）/放弃（U）］ <退出>： （选中零件上端面线）
指定要偏移的那一侧上的点，或 ［退出（E）/多个（M）/放弃（U）］ <退出>：

（在上方单击一）

选择要偏移的对象，或 ［退出（E）/放弃（U）］ <退出>：↙ （退出偏移）
命令：选中偏移的水平线
** 拉伸 ** （选取左端夹持块）
指定拉伸点或 ［基点（B）/复制（C）/放弃（U）/退出（X）]：（拉伸至能与垂直线相交）
命令：
** 拉伸 ** （选中偏移的中心线）
指定拉伸点或 ［基点（B）/复制（C）/放弃（U）/退出（X）]：

（拉伸至与水平线相交）

命令：*取消*　　　　　　　　　　　　　　　　 （按 ESC 键退出选中状态）
绘制结果如图 7-79 所示。

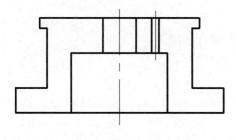

图 4-78　修剪 ϕ3、ϕ14 轮廓线

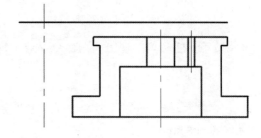

图 4-79　拉伸至相交

② 绘制 R36 整圆：调用画圆命令，以刚才的交点为圆心画圆。
命令：C↙
CIRCLE 指定圆的圆心或 ［三点（3P）/两点（2P）/切点、切点、半径（T）]：

（单击两直线交点）

指定圆的半径或 ［直径（D）］ <1.50>：36↙
③ 修剪 R36 多余圆弧。
命令：TRIM↙
当前设置：投影=UCS，边=无

选择剪切边...

选择对象或 <全部选择>：找到 1 个 　　　　　（选取ϕ60h7 圆柱左侧投影线）

选择对象：找到 1 个，总计 2 个　　　　　（选取ϕ66 圆柱上端面投影线）

选择对象：✓　　　　　　　　　　　　　　（确认所选边界）

选择要修剪的对象，或按住 Shift 键选择要延伸的对象，或

［栏选（F）/窗交（C）/投影（P）/边（E）/删除（R）/放弃（U）］：

　　　　　　　　　　　　　　　　　　　　（单击 R36 圆弧需要修剪部分）

绘制结果如图 4-80 所示。

④ 镜像 R36 圆弧：调用镜像命令。

命令：_mirror✓

选择对象：找到 1 个　　　　　　　　　　　　　　　　（选取 R36 圆弧）

选择对象：指定镜像线的第一点：指定镜像线的第二点：（选取中心线上任意两点）

要删除源对象吗？［是（Y）/否（N）］ <N>：✓　　　（保留源对象）

⑤ 删除偏移的直线：选取之前偏移的水平线与垂直线，按 Delete 键删除。

绘制结果如图 4-81 所示。

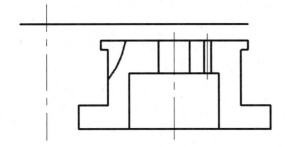

图 4-80　绘制 R36 圆弧

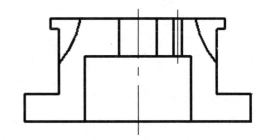

图 4-81　镜像圆弧

（9）倒 R2 圆角：调用圆角命令，对主视图中 6 个角进行倒圆。

命令：_fillet✓

当前设置：模式 = 修剪，半径 = 5.00

选择第一个对象或 ［放弃（U）/多段线（P）/半径（R）/修剪（T）/多个（M）］：r 指定圆角半径 <5.00>：2✓

选择第一个对象或 ［放弃（U）/多段线（P）/半径（R）/修剪（T）/多个（M）］：（单击圆心同侧直线）

选择第二个对象，或按住 Shift 键选择对象以应用角点或 ［半径（R）］：　　　（单击圆心同侧另一相交直线）

按空格键或回车，重复完成另外 5 个圆角的倒圆。绘制结果如图 4-82 所示。

（10）绘制俯视图上圆弧缺口。

① 绘制水平缺口：调用偏移命令。

命令：O✓

OFFSET

当前设置：删除源=否　图层=源　OFFSETGAPTYPE=0

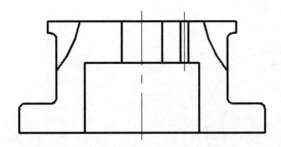

图 4-82　倒 R2 圆角

指定偏移距离或 ［通过（T）/删除（E）/图层（L）］ <通过>: 4↙

选择要偏移的对象，或 ［退出（E）/放弃（U）］ <退出>: （选中俯视图水平中心线）

指定要偏移的那一侧上的点，或 ［退出（E）/多个（M）/放弃（U）］ <退出>:

（在上方单击）

选择要偏移的对象，或 ［退出（E）/放弃（U）］ <退出>: （选中俯视图水平中心线）

指定要偏移的那一侧上的点，或 ［退出（E）/多个（M）/放弃（U）］ <退出>:

（在上方单击）

选择要偏移的对象，或 ［退出（E）/放弃（U）］ <退出>: ↙

② 绘制 R36 圆弧在俯视图的投影线：调用直线命令。

命令: l↙

LINE 指定第一点: （单击主视图中 R36 圆弧上端端点）

指定下一点或 ［放弃（U）］: （单击俯视图中适当位置）

指定下一点或 ［放弃（U）］: ↙

绘制结果如图 4-83 所示。

③ 绘制俯视图中的 ϕ60h7 圆：调用圆命令。

命令: C↙

CIRCLE 指定圆的圆心或 ［三点（3P）/两点（2P）/切点、切点、半径（T）］:

（单击俯视图圆心）

指定圆的半径或 ［直径（D）］: 30↙

④ 修剪水平缺口线段。

命令: TRIM↙

当前设置: 投影=UCS，边=无

选择剪切边...

选择对象或 <全部选择>: 找到 1 个 （选取上水平中心线）

选择对象: 找到 1 个，总计 2 个 （选取下水平中心线）

选择对象: 找到 1 个，总计 3 个 （选取 ϕ66h7 圆柱上端面投影线）

选择对象: 找到 1 个，总计 4 个 （选取 R36 圆弧上端端点引出的垂直线）

选择对象: ↙ （确认所选边界）

选择要修剪的对象，或按住 Shift 键选择要延伸的对象，或

［栏选（F）/窗交（C）/投影（P）/边（E）/删除（R）/放弃（U）］:

（单击需要修剪直线、圆弧）

绘制结果如图 4-84 所示。

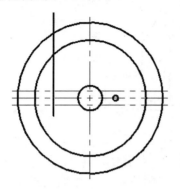

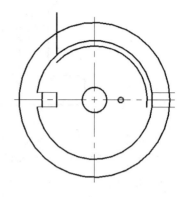

图 4-83　绘制水平缺口　　　　　　　　　　图 4-84　修剪多余线段

⑤　删除多余线段，修改线型：选取俯视图上圆弧外 3 条直线段，以及剩余，较长的 R36 圆弧，按 Delete 键删除。

选取两水平中心线，放入图层 1，使之成为粗实线。

绘制结果如图 4-85 所示。

⑥　环形阵列水平缺口：调用阵列命令，三等分分布该缺口。

命令：_arraypolar✓

选择对象：指定对角点：找到 4 个　　　　　　　（框选水平缺口中的 4 个线段）

选择对象：✓　　　　　　　　　　　　　　　　（确认所选对象）

类型 = 极轴　关联 = 是

指定阵列的中心点或 ［基点（B）/旋转轴（A）］：（单击圆心）

输入项目数或 ［项目间角度（A）/表达式（E）］ <4>：3✓

指定填充角度（+=逆时针、-=顺时针）或 ［表达式（EX）］ <360>：✓

按 Enter 键接受或 ［关联（AS）/基点（B）/项目（I）/项目间角度（A）/填充角度（F）/行（ROW）/层（L）/旋转项目（ROT）/退出（X）］ ✓

⑦　修剪 ϕ66h7 多余圆弧：调用修剪命令，完成阵列后两个缺口的修剪。

命令：TR ✓

TRIM

当前设置：投影=UCS，边=无

选择剪切边...

选择对象或 <全部选择>：✓　　　　　　　　　　（采用默认边界，即最近边界）

选择要修剪的对象，或按住 Shift 键选择要延伸的对象，或

［栏选（F）/窗交（C）/投影（P）/边（E）/删除（R）/放弃（U）］：（单击右下角缺口圆弧

选择要修剪的对象，或按住 Shift 键选择要延伸的对象，或）

［栏选（F）/窗交（C）/投影（P）/边（E）/删除（R）/放弃（U）］：（单击右上角缺口圆弧

选择要修剪的对象，或按住 Shift 键选择要延伸的对象，或）

［栏选（F）/窗交（C）/投影（P）/边（E）/删除（R）/放弃（U）］：✓

绘制结果如图 4-86 所示。

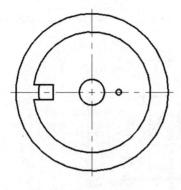

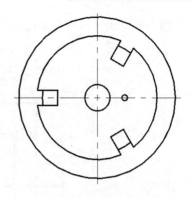

图 4-85　删除多余线段，改线型　　　　　图 4-86　阵列，修剪

（11）主视图填充剖面线。

命令：_hatch✓　　　　　　　　选择填充图案号为 ANSI31　　　（单击左侧封闭区域）

拾取内部点或　［选择对象（S）/设置（T）］：正在选择所有对象...

正在选择所有可见对象...

正在分析所选数据...

正在分析内部孤岛...　　　　　　　　　　　　　　　　（单击中间封闭区域）

拾取内部点或　［选择对象（S）/设置（T）］：正在选择所有对象...

正在选择所有可见对象...

正在分析所选数据...

正在分析内部孤岛...　　　　　　　　　　　　　　　　（单击右侧封闭区域）

拾取内部点或　［选择对象（S）/设置（T）］：正在选择所有对象...

正在选择所有可见对象...

正在分析所选数据...

正在分析内部孤岛...✓

拾取内部点或　［选择对象（S）/设置（T）］：

绘制结果如图 4-87 所示。

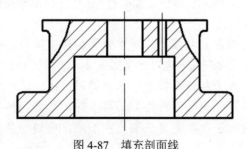

图 4-87　填充剖面线

三、标注尺寸

步骤一　设置尺寸样式，具体参考任务 4.1。其中，"文字"选项卡的"文字高度"、"从尺寸线偏移"数值框分别为"5"（即字高 5）、"0.625"，在"文字对齐"选项组中选择"与尺寸线对齐"。

步骤二 标注所有尺寸，前缀φ及公差代号标注，可参考任务4.1，如图4-88所示。

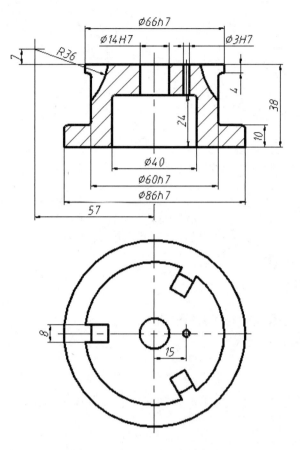

图 4-88 标注尺寸及公差代号

四、标注表面粗糙度

表面粗糙度符号的画法在 GB/T 131－2006《产品几何技术规范中技术产品文件中表面结构的表示方法》中有具体规定。

由于零件许多表面都有表面精度要求，所以表面粗糙度符号在零件图上标注时会被反复使用。标注时，一般先将表面粗糙度符号生成图块，标注时只需插入已定义的图块即可。

说明： 图块不仅应用于表面粗糙度符号，在制图时，同样适用于一些大量反复使用的标准件，如螺栓、螺钉、轴承等。因为同种类型的标准件，其结构形状是相同的，只是尺寸、规格有所不同，因而作图时，一般事先将它们生成图块，用到相应的标准件时，只需将已定义的图块插入。

用 BLOCK 命令可以将整个图形或图形的一部分创建成图块，用户可以给图块起名，并可定义插入基点。

用户可以用 INSERT 命令在当前图形中插入块或其他图形文件。无论块或者被插入的图形文件多么复杂，AutoCAD 都将它们作为一个单独的对象，如果用户需编辑其中的单个图形元素，就必须分解图块或文件块。

由图 4-89 和表 4-3 得到与字高 10mm 相配的粗糙度符号尺寸如图 4-90 所示。在制作粗糙度图块时，可以按 10mm 字高来制作，在实际引用过程中，再按不同字高，进行相应比例的缩放。如在本任务中，字高为 5mm，则在引用时，缩放比例为 0.5。

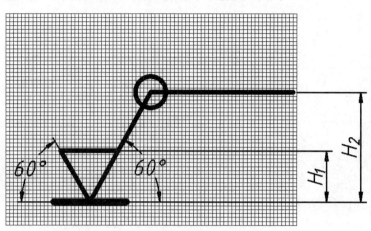

图 4-89 表面粗糙度符号

表 4-3 表面粗糙度符号各部分尺寸 单位：mm

数字和字母高度（见 GB/T14690）	2.5	3.5	5	7	10	14	20
符号线宽 d'	0.25	0.35	0.5	0.7	1	1.4	2
字母线宽 d							
高度 H_1	3.5	5	7	10	14	20	28
高度 H_2（最小值）	7.5	10.5	15	21	30	42	60

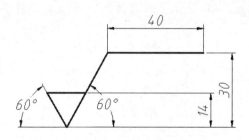

图 4-90 表面粗糙度符号尺寸

步骤一 表面粗糙度符号的绘制。

启用"极轴追踪"，将"增量角"设为"60°"。

调用直线命令，在适当位置绘制表面粗糙度符号图形，尺寸如图 4-90 所示。

步骤二 定义块属性。

输入 ATTDEF 命令，或选择菜单命令 绘图 → 块 → 定义属性，如图 4-91 所示，打开"属性定义"对话框，如图 4-92 所示。

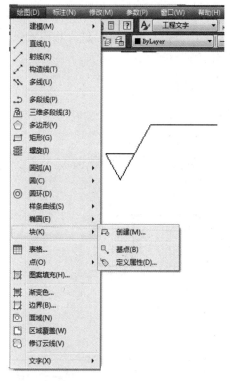

图 4-91　打开"属性定义"对话框方法　　　　图 4-92　块"属性定义"对话框

在"属性"选项组中输入以下内容。

标记：Ra3.2。

提示：输入参数。

默认：Ra3.2

单击"确定"按钮，AutoCAD 提示"指定起点"，在适当位置拾取
一个点，如图 4-93 所示。

图 4-93　属性定义

"属性定义"对话框中的常用选项功能如下。

◆ 不可见：控制属性值在图形中的可见性。如果想使图中包含属性信息，但又不想使其
　在图形中显示出来，就勾选此复选项。

◆ 固定：勾选此复选项，属性值将为常量。

◆ 验证：用于插入块时提示验证属性值是否正确。

◆ 预设：用于设定是否将实际属性值设置成默认值。若勾选此复选项，则插入块时
　AutoCAD 将不再提示用户输入新属性值，实际属性值等于"默认"文本框中的默认值。

◆ 对正：该下拉列表中包含了 15 种属性文字的对齐方式，如"左对齐"、"对齐"、"居
　中"等。

◆ 文字样式：可从该下拉列表中选择文字样式。

◆ 文字高度：在此文本框中输入属性的文字高度。

◆ 旋转：设定属性文字的旋转角度。

步骤三 创建带属性的图块。

（1）输入 BLOCK 命令，或者单击"绘图"工具栏的 ![按钮] 按钮，打开"块定义"对话框，在"名称"框中输入块名"CCD"，如图 4-94 所示。

图 4-94 "块定义"对话框

② 指定块的插入基点。单击"基点"下的 ![拾取点(K)] 按钮，AutoCAD 返回绘图窗口，并提示"指定插入基点"，拾取 A 点，如图 4-95 所示。

（3）选择构成块的对象：单击"对象"下的 ![选择对象(T)] 按钮，AutoCAD 返回绘图窗口，并提示"选择对象"，选择表面粗糙度符号图形及属性，回车确认。

图 4-95 指定插入基点

（4）单击"确定"按钮，生成图块。

步骤四 插入带属性的块。

在标注表面粗糙度符号时，若空间不足，则需要用带箭头的引线（引线的设置、使用请参考任务 4.1）引出标注，或在尺寸线、尺寸分界线延长线上标注；需垂直标注的，不可字头向右标注，此时也需用引出线标注。

单击"绘图"工具栏的 ![按钮] 按钮，AutoCAD 打开"插入"对话框，在"名称"下拉列表中选择"ccd"，也可以直接输入块名。在比例选项组中勾选"统一比例"，因制作该粗糙度块时，是参照字高 10 完成的，故此处按字高 5 进行缩放，输入比例值"0.5"。在"旋转"选项组中勾选"在屏幕上指定"，以便标注时动态确定，如图 4-96 所示。

单击"确定"按钮，AutoCAD 有以下提示。

命令：_insert✓

指定插入点或 ［基点（B）/比例（S）/X/Y/Z/旋转（R）］：_nea 到
（在屏幕适当位置指定插入点）

输入属性值

输入参数值 <Ra3.2>：　　　　　　　　　（输入属性值，如果是默认值 Ra3.2 则直接回车）

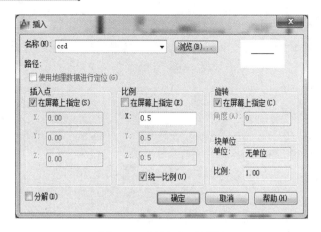

图 4-96 "插入"对话框

重复上述命令，在"插入"对话框的"旋转"选项组中勾选"在屏幕上指定"，如图 4-96 所示。具体标注过程中，对象捕捉（状态栏内□按钮）勾选"捕捉最近点"，确保表面粗糙度符号勾的下端与零件轮廓、延长线或引线接触，把正交（F8）打开，确保表面粗糙度符号每次旋转的步长为 90°。

步骤五 输出属性块。

利用块命令"block"生成的块，只能在本图样内引用，其他图样不可调用。为解决这个问题，可将该块输出成为外部文件，其他图样调用时，直接插入外部块文件。

命令：Wblock✓　　　　（也可输入"W"）

弹出如图 4-97 所示写块对话框，在"源"选项组中选择 "块"，在下拉列表中选择需要输出的块名；在"目标"选项组中选择合适的保存路径与输出所定义的块文件名单击"确定"按钮。

调用该外部块时，可参考图 4-96，单击"名称"编辑框后面的"浏览"按钮，在弹出对话框中找到之前输出的块文件，其余设定同前，单击"确定"按钮插入该外部块。

五、标注文本，填写标题栏

参考任务 4.1。

最终绘制结果如图 4-67 所示。

图 4-97 "写块"对话框

任务 4.3 叉架类零件图的绘制

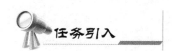

按照图 4-98 完成支架的零件图绘制。要求在读懂图形的基础完成以下任务：

1. 调用国标化绘图环境，并进行相应调整。
2. 完成支架图形的绘制。
3. 标注尺寸。
4. 标注几何公差。
5. 标注文字、填写标题栏。

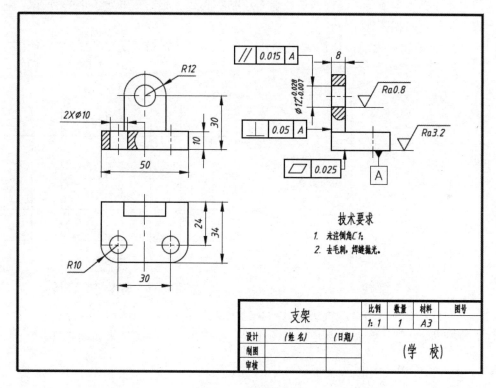

图 4-98 支架零件图

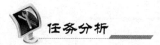

该零件除有尺寸、粗糙度要求还，还有几何公差方面的要求，其中的基准符号需要另行制作，也可制作成带属性的外部块，以便其他文件调用。几何公差的标注使用快速引线中的公差选项较方便快捷。

任务实施

一、配置绘图环境

同任务 1.3 的内容，配置绘图环境，选择 A4 模板（横版），并将其另存为"支架.dwg"；打开常用工具栏，将其移动到适当位置，根据要求建立图层。

二、图形绘制

绘制三视图时，必须三个视图结合进行绘制，首先绘制中心线，其次是反应主要特征的视图，最后根据"三等"原理，用构造线绘制其他视图。

步骤一　绘制三视图的主要基准线。

将图层 4 设置为当前层，调用构造线命令绘制中心线。绘制结果如图 4-99 所示。

步骤二　绘制三视图。

（1）将图层 1 设置为当前层。调用偏移命令，绘制 50×34 矩形。绘制结果如图 4-100 所示。

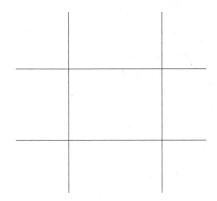

图 4-99　中心线

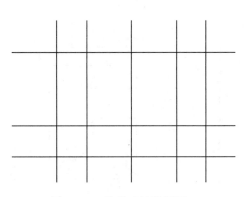

图 4-100　偏移后的俯视图

（2）调用修剪命令对多余线段进行修剪。绘制结果如图 4-101 所示。

（3）绘制两 ϕ10 圆，倒 R10 圆角，把图线放到相应图层。绘制结果如图 4-102 所示。

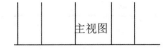

图 4-101　修剪多余线段

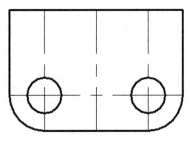

图 4-102　画圆、倒圆角

（4）绘制主视图 50×10 短形，调用偏移命令，修剪。绘制结果如图 4-103 所示。

（5）绘制主视图支架主要特征：调用偏移与修剪命令，绘制结果如图 4-104 所示。

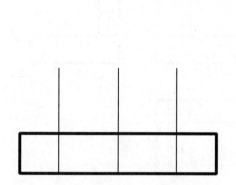
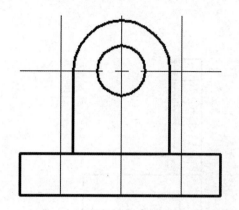

图 4-103　绘制主视图底部矩形　　　　　　　图 4-104　绘制支架主视图主要特征

（5）绘制支架外轮廓在俯视图投影：调用构造线命令、偏移命令与修剪命令，改变线型。绘制结果如图 4-105 所示。

（6）绘制底板孔在主视图剖视图：调用构造线命令、样条曲线命令、偏移命令与修剪命令，改变线型。绘制结果如图 4-106 所示。

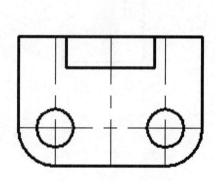
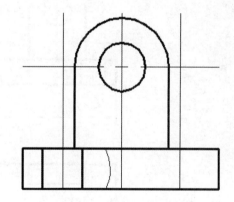

图 4-105　支架俯视图投影　　　　　　　　　图 4-106　底板孔主视图投影

（7）根据"高平齐"、"宽相等"原理绘制左视图。绘制结果如图 4-107 所示。

（8）填充剖面线，调整中心线长度。绘制结果如图 4-108 所示。

填充剖面线时，不同视图不要一次性完成，以便后面在标注尺寸等时，可以调整不同视图间距。

三、尺寸标注

步骤一　设置尺寸样式，具体参考任务 4.1。其中，"文字"选项卡的"文字高度"、"从尺寸线偏移"数值框分别为"2.5"（即字高 5）、"0.625"；在"文字对齐"选项组中勾选"与尺寸线对齐"。"调整"选项卡的"使用全局比例"栏中采用默认值"2"，即字高设定为 5。

步骤二　标注所有尺寸、前缀 ϕ 及公差代号标注，可参考任务 4.1。绘制结果如图 4-109 所示。

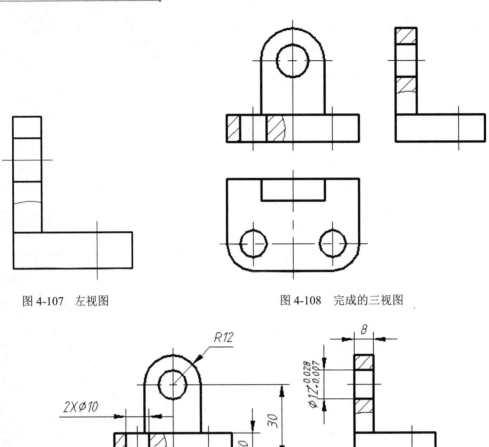

图 4-107　左视图　　　　　　　　　　图 4-108　完成的三视图

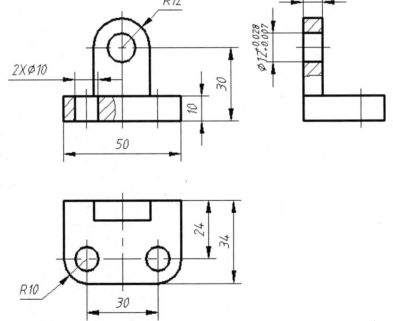

图 4-109　标注尺寸

　　在标注过程中，随时要调整视图间距离，以保证有足够的标注空间。标注尺寸公差可参考任务 4.2。

四、表面粗糙度标注

　　插入粗糙度符号外部块文件（参考任务 4.2），标注如图 4-110 所示。

　　当标注空间不足时，可以用轮廓延长线或带箭头引线标注。

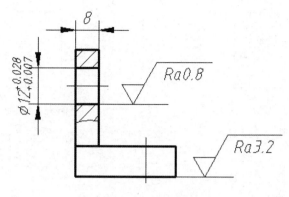

图 4-110　标注表面粗糙度

五、几何公差的标注

零件在使用、加工过程中，除了尺寸公差、表面粗糙度要求外，通常还会有几何公差方面的要求，如两垂直平面的垂直程度、平面的平整度等。

这些几何公差方面的技术要求，在标注零件图时，也需要一并标出。一些表面相对位置关系的几何公差通常还需要由基准符号定义出相应的基准要素。在 AutoCAD 2012 中，基准符号与粗糙度符号一样，需要根据国家标准自行绘制后再调用。

根据国标 GBT 1182—2008《产品几何技术规范（GPS）几何公差 形状、方向、位置和跳动公差标注》，基准符号画法规范如图 4-111 所示。

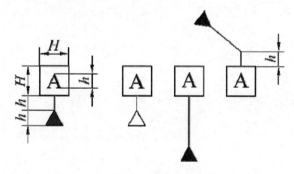

图 4-111　基准符号画法规范

图中的"h"表示字高，当字高为 h 时，符号及字体的线宽 $b = 0.1h$，$H=2h$（GB/T 4485.4 中规定：$h = 2.5$、3.5、5、7、10、14、20）。

涂黑三角形及中轴线可任意变换位置，方框和字母只允许水平放置不允许歪斜；方框外边的连线也只允许在水平或铅垂两个方向画出。引出端的封闭三角形，全图实心或空心，只能选一种标注。

步骤一 绘制基准符号的绘制。

参考表面粗糙度符号的制作方法，在制作该基准符号时，设定字高为"10"，方框、引线等均与之对应。在本图中调用时，缩放比例为 0.5（本图字高为 5）。

（1）绘制 20×20 正方形，再绘制对角线。绘制结果如图 4-112 所示。

（2）捕捉对角线中点，输入文本"A"，对准方式为"正中"。绘制结果如图 4-113 所示。

图 4-112　绘制正方形　　　　　　　　　　　　图 4-113　输入文字

（3）绘制引线：调用快速引线命令，设置引线端部形状，这里选 60°实心正三角形。

命令：QLEADER↙

指定第一个引线点或 ［设置（S）］ <设置>：↙

弹出图 4-114 所示对话框。

图 4-114　"引线设置"对话框"注释"选项卡

"注释类型"选项组中选择"无（O）"，其余默认。

单击"引线和箭头"选项卡，进行如图 4-115 所示设置。

图 4-115　"引线设置"对话框 "引线和箭头"选项卡

"点数"选项组中，"最大值"取"2"，"箭头"选择"实心基准三角形"，"角度约束"的"第一段"选择"90°"，单击"确定"按钮。

指定第一个引线点或 ［设置（S）］ <设置>： 　　　　鼠标在正方形上中位置停留，向上移动适当位置单击；

指定下一点： 　　　　　　　　　　　　　　　在正方形上中位置单击

删除对角线，如图 4-116 所示。

如果有多个基准，则此处字母 A 可制作成属性字母，具体步骤见任务 4.2。

（4）制作块：参考任务 4.2 中表面粗糙度符号块的制作，完成该基准块的制作。

（5）标注基准符号：调用插入块命令，插入该块，勾选"统一比例"，值为"0.5"，如图 4-117 所示。

在选取轮廓线时，勾选"捕捉最近点"，以保证基准符号与零件轮廓线接触。

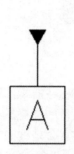

图 4-116 制作基准符号块

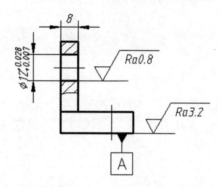

图 4-117 标注基准符号

步骤二 标注几何公差。

标注几何公差可使用 TOLERANCE（或者单击"标注"工具栏的 按钮）及 QLEADER 命令，前者只能产生公差框格，而后者既能形成公差框格又能形成标注指引线。

用 QLEADER 命令标注几何公差框格 // 0.015 A 。

命令：QLEADER✓

指定第一个引线点或 ［设置（S）］ <设置>：✓ 　　　　　　　　（直接回车，打开"引线设置"对话框）

在"注释"选项卡中选择"公差"，如图 4-118。

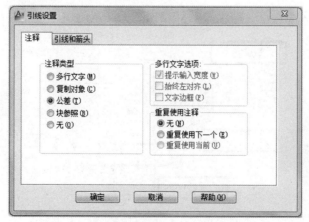

图 4-118 "引线设置"对话框

在"引线和箭头"选项卡的设置如图 4-119 所示。

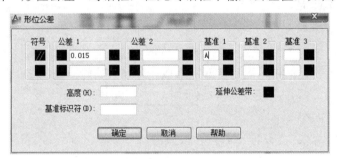

图 4-119 "引线和箭头"选项卡

单击"确定"按钮，AutoCAD 有以下提示。

指定第一个引线点或 ［设置（S）］ <设置>：　　　　单击所需标注的零件轮廓

指定下一点：　　　　　　　　　　　　　　　　　在适合拐弯的位置单击

指定下一点：　　　　　　　　　　　　　　　　　在适合放置公差框格的位置单击

AutoCAD 打开"形位公差"对话框，在此对话框中输入公差值，如图 4-120 所示。

图 4-120 "形位公差"对话框

最终完成的几何公差标注，如图 4-121 所示。

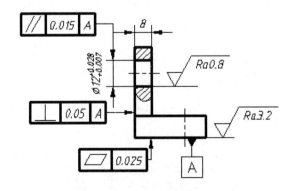

图 4-121 标注几何公差

六、注释文字的标注，填写标题栏

步骤一 调用多行文字命令，注写技术要求及其他文字。

步骤二 双击标题栏中需要修改的文字，系统打开"在位文字编辑器"，完成文字修改。从而完成整个图形的绘制，见图4-98。

任务 4.4　箱体类零件的绘制

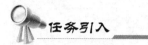

按照图4-122完成蜗轮箱的零件图绘制。要求在读懂图形的基础完成以下任务：

1. 配置绘图环境。
2. 完成蜗轮箱图形的绘制。
3. 标注尺寸。
4. 标注公差及形位公差。
5. 标注表面粗糙度。
6. 标注文字。

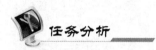

箱体类零件包括各种箱体、壳体、泵体以及减速器的机体等。这类零件主要用来支承、包容和保护体内的零件，也起定位和密封作用。箱体类零件多为铸件，内、外结构比较复杂。其通常都有一个由薄壁所围成的较大空腔和与其相连供安装用的底板。在箱壁上有多个向内或向外伸延的供安装轴承用的圆筒或半圆筒，且在其上、下常有肋板加固。此外，箱体类零件上还有许多细小结构，如凸台、凹坑、起模斜度、铸造圆角、螺孔、销孔和倒角等。箱体类零件由于结构复杂，加工位置变化较多，所以一般以零件的工作位置和最能反映其形状特征及各部分相对位置的一面作为主视图的投射方向。一般需要用3个以上基本视图和其他视图，并常常取剖视图。此外，由于铸件上圆角很多，还应注意过渡线的画法。

图4-122所示的蜗轮箱由箱体、底板及凸台等组成。采用主、俯、左3个基本视图表达，其中主视图采用半剖视图表达其内外结构，俯视图表达其外部结构，左视图采用全剖视图表达其内部结构。

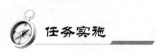

一、配置绘图环境

同任务1.3的内容，配置绘图环境，选择A3样板图，并将其另存为"蜗轮箱.dwg"；打开常用工具栏，将其移动到适当位置，根据要求建立图层。

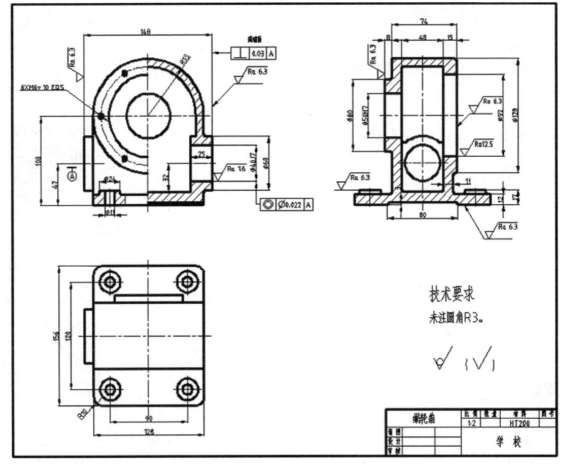

图 4-122　蜗轮箱零件图

二、图形绘制

步骤一　绘制三视图的主要基准线。

分别将图层 1 和图层 4 设置为当前层。调用直线命令，绘制结果如图 4-123 所示。

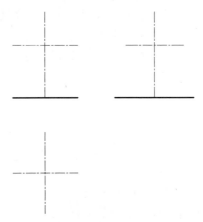

图 4-123　绘制蜗轮箱基准线

步骤二 绘制主视图。

（1）将图层 1 设置为当前层。调用圆命令，绘制 ϕ50、ϕ92、ϕ128 圆，绘制 R55 圆，并将其切换至图层 4；调用直线、偏移、镜像等命令，绘制箱体轮廓；调用圆角命令，绘制倒圆角。绘制结果如图 4-124（a）所示。

（2）调用圆命令，绘制 M6 螺纹孔。按螺纹孔的规定画法，大径画直径为 6 的细实线圆，小径画直径为大径的 0.85 的粗实线圆，最后采用打断命令将细实线圆打断剩 3/4。螺纹孔的绘制过程如图 4-125 所示。

（3）调用环形阵列命令，实现 6 个螺纹孔的均布，绘制结果图 4-123（b）所示。

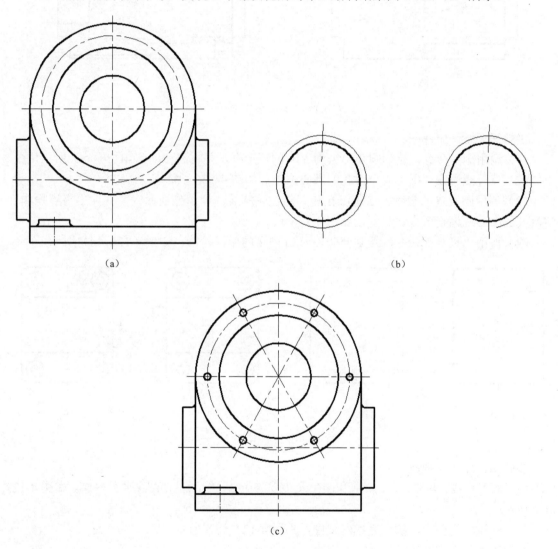

（a）　　　　　　　　　　　　（b）

（c）

图 4-124　绘制主视图

（4）调用修剪、删除命令，去除右半部分多余的图线，如图 4-125（a）所示。

（5）调用圆、直线、修剪、偏移和样条曲线等命令，完成右半剖视图和左半视图中的局部剖视图，如图 4-125（b）所示。

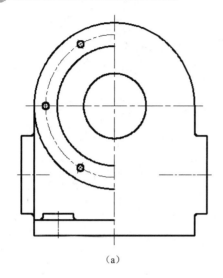
(a)

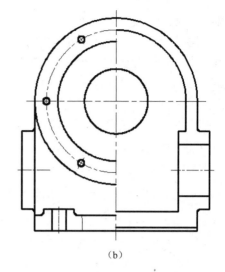
(b)

图 4-125　绘制半剖视图

步骤三　绘制俯视图。

（1）调用矩形命令，绘制圆角半径为 $R10$ 的矩形框，并将之移动到 4-126（a）所示位置。

（2）偏移点画线，确定 4 个沉孔的圆心位置，如图 4-126（b）所示。

（3）调用圆、直线命令，绘制沉孔和大圆柱轮廓线。调用打断命令，并使用夹点操作，将沉孔的中心线调整至合适长度，如图 4-126（c）所示。

（4）调用"直线"命令，绘制 $\phi60$、 $\phi80$ 凸台的俯视轮廓，如图 4-126（d）所示。

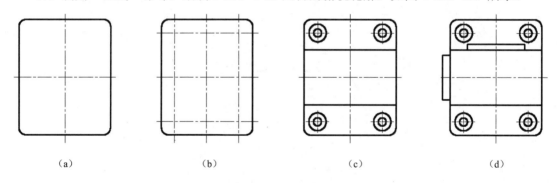

（a）　　　　　　　（b）　　　　　　　（c）　　　　　　　（d）

图 4-126　绘制俯视图

步骤四　绘制左视图。

（1）调用直线、偏移、圆、修剪和圆角及镜像等命令，绘制左视图主要外轮廓，如图 4-127（a）所示。

（2）绘制左视图内轮廓，完成左视图，如图 4-127（b）所示。

步骤五　绘制剖面线。

将图层 6 设为当前层，单击 按钮，打开"图案填充和渐变色"选项卡，将比例设为"2"，绘制主、左视图剖面线，结果如图 4-128 所示。

完成图形后，选中所有对象，调用缩放命令，将图形按 1∶2 缩小。

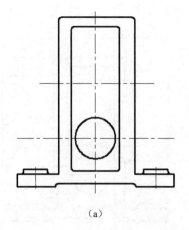

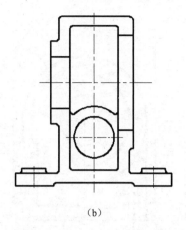

（a）   （b）

图 4-127　绘制左视图

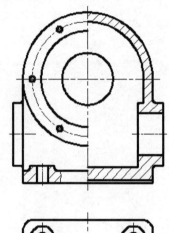

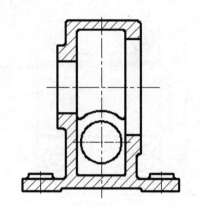

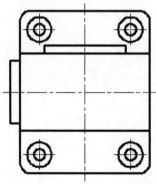

图 4-128　绘制剖面线后的三视图

三、尺寸标注

步骤一　新建尺寸标注样式"尺寸标注"，标注总体比例因子设为"2"，并将其置为当前尺寸标注样式。

步骤二　切换图层。将图层 5 切换到当前层，关闭图层 6。

步骤三　标注尺寸。

按任务 4.1 所讲述的方法标注各尺寸，标注结果如图 4-129 所示。

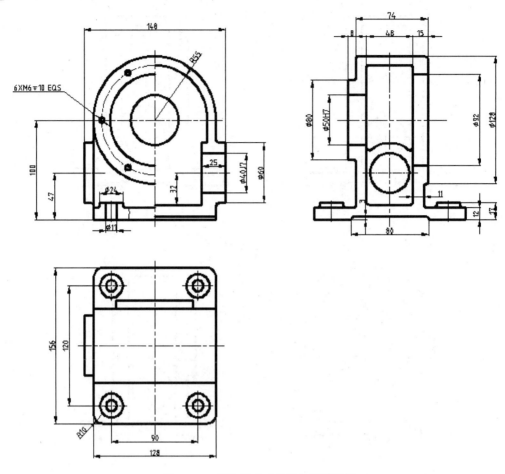

图 4-129　标注尺寸后的蜗轮箱零件图

四、形位公差的标注

调用 QLEADER 命令完成公差框格标注，绘制结果如图 4-130 所示。

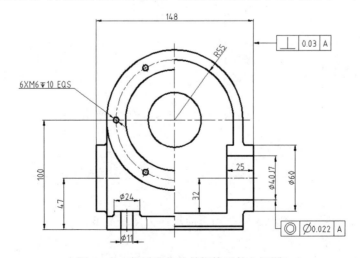

图 4-130　标注形位公差框格后的主视图

五、表面粗糙度的标注

按任务 4.2 讲述的方法创建表面粗糙度图块,结合多重引线命令,将图块插入到指定位置,如图 4-131 所示。

六、形位公差基准符号的标注

按任务 4.3 讲述的方法创建形位公差基准符号图块,并插入到指定位置,如图 4-131 所示。

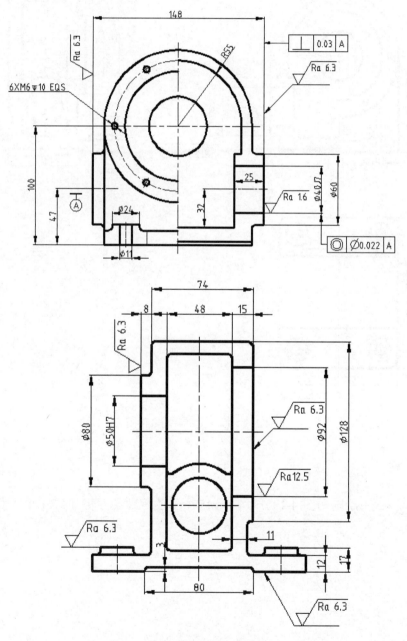

图 4-131 标注表面粗糙度和基准符号后的图形

七、注释文字的标注

步骤一 调用多行文字命令，注写技术要求及其他文字。

步骤二 双击样板标题栏中需要修改的文字，系统打开"在位文字编辑器"，完成文字修改。从而完成整个图形的绘制，结果如图 4-132 所示。

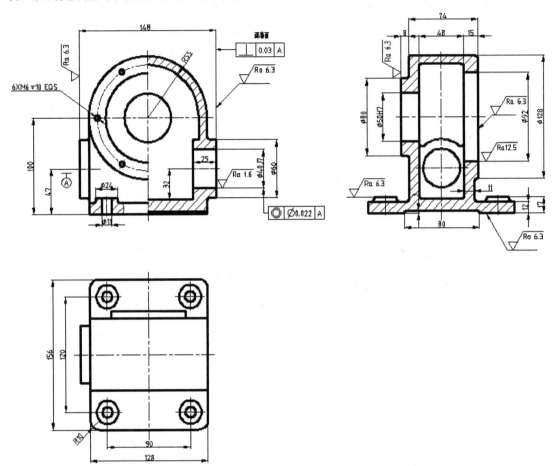

图 4-132 标注文字后的零件图

 **练 习 题**

在 AutoCAD 中绘制如图 4-133～图 4-145 所示的零件图并标注尺寸及技术要求，图幅自定。

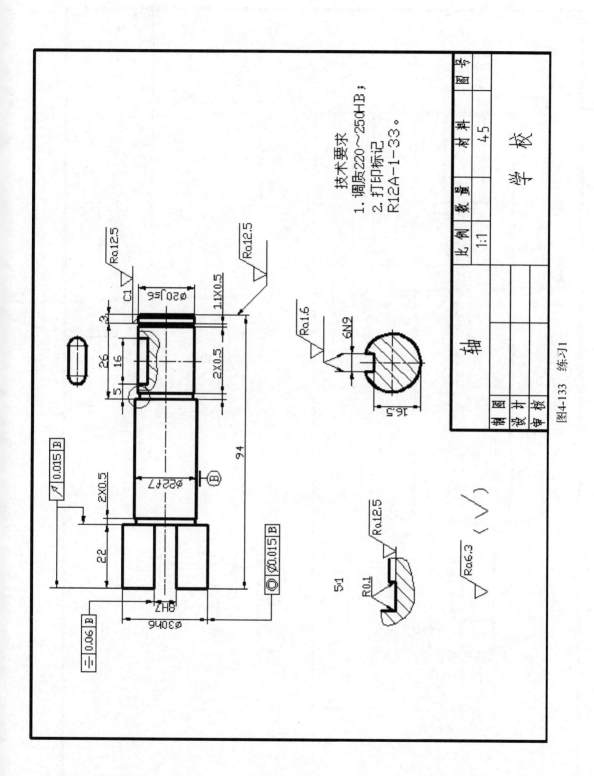

图4-133　练习1

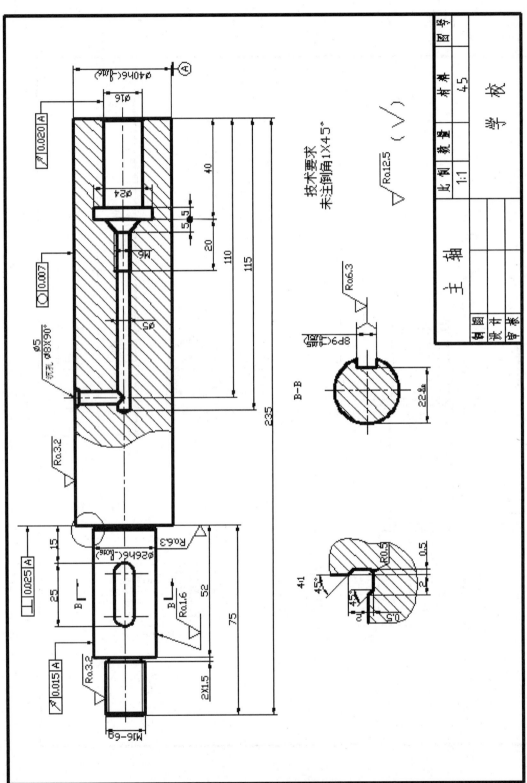

图4-134 练习2

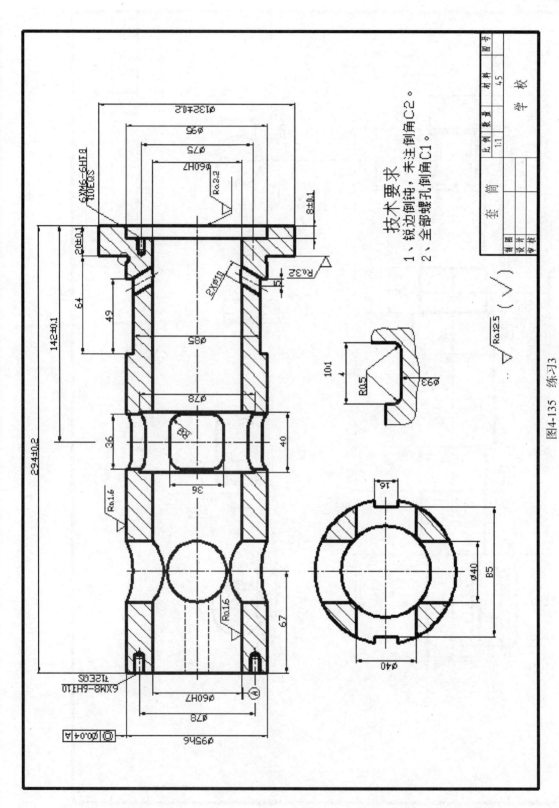

图4-135 练习3

技术要求
1、锐边倒钝，未注倒角C2。
2、全部螺孔倒角C1。

		套 筒	比例 数量 材料		图号
			1:1	45	学 校

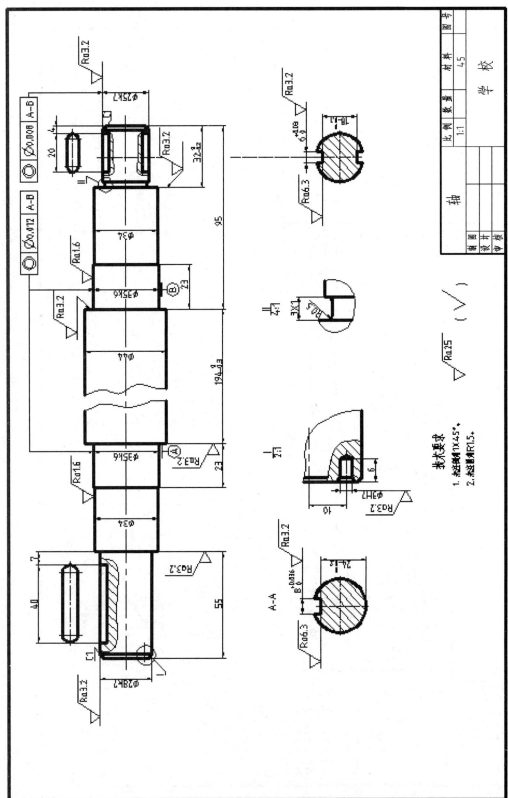

图4-136 练习4

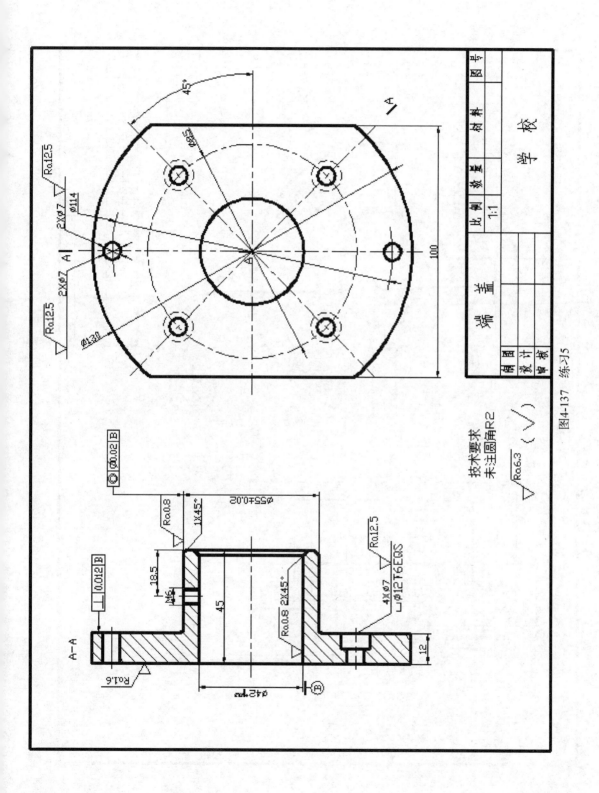

图4-137 练习5

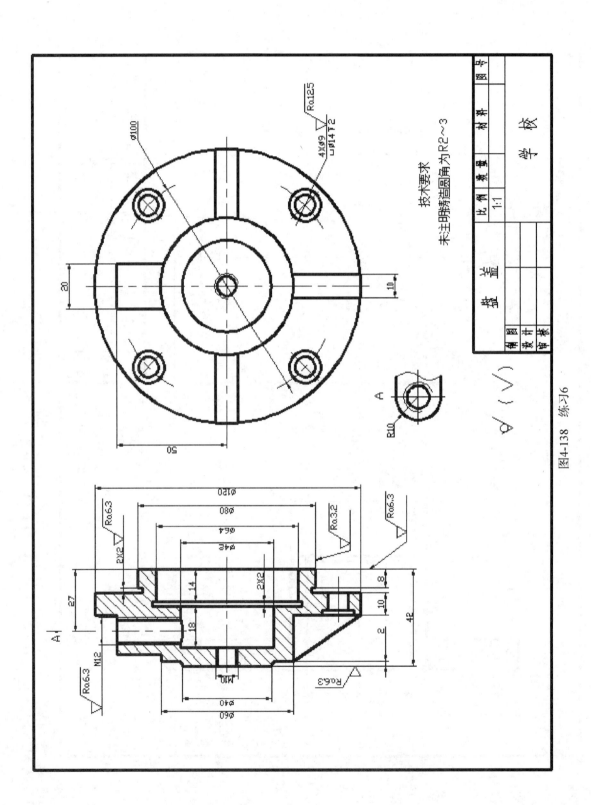

图4-138 练习6

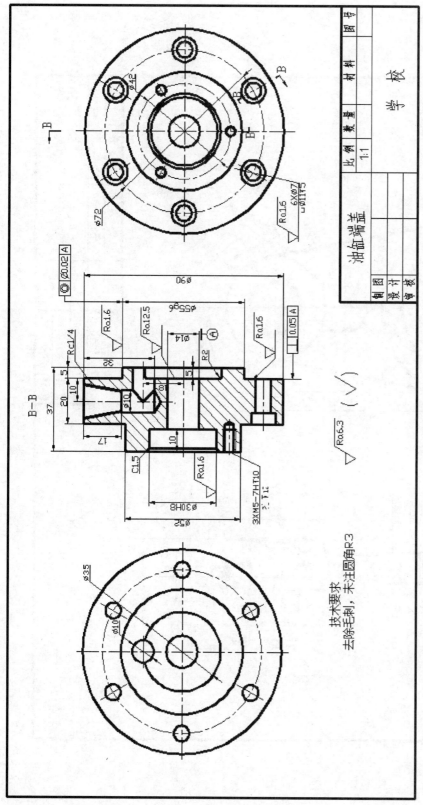

图4-139 练习7

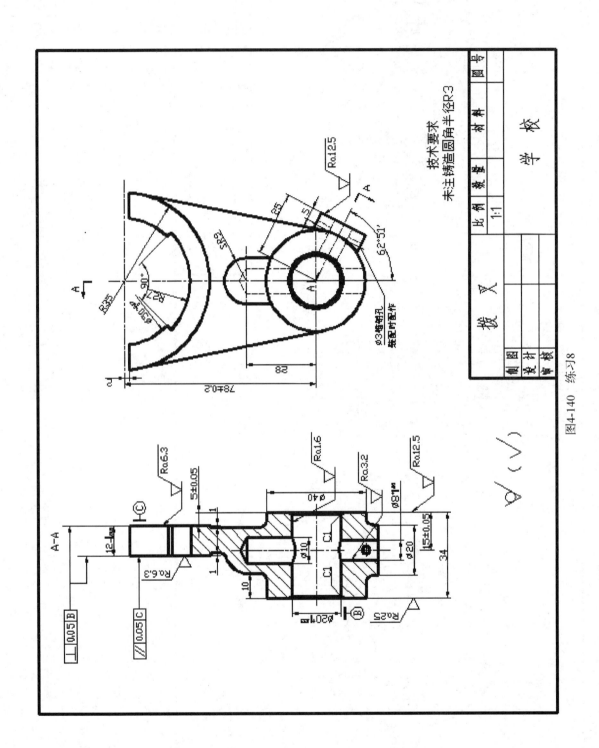

图4-140 练习8

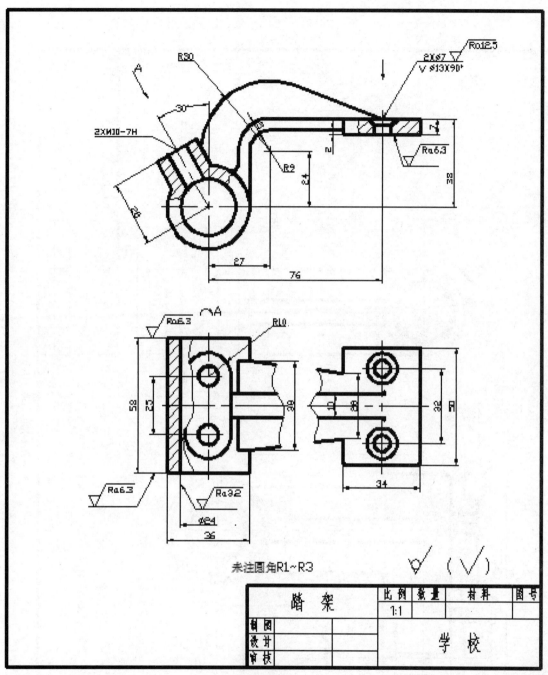

图 4-141 练习 9

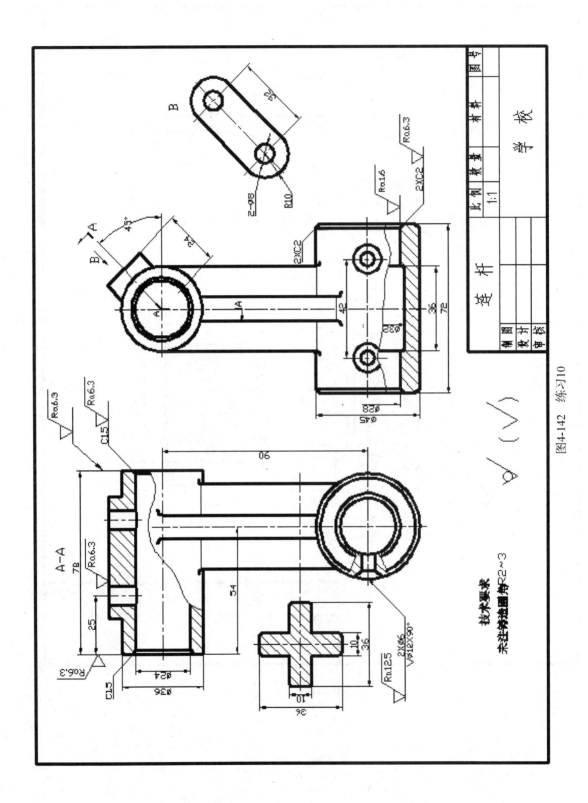

图4-142 练习10

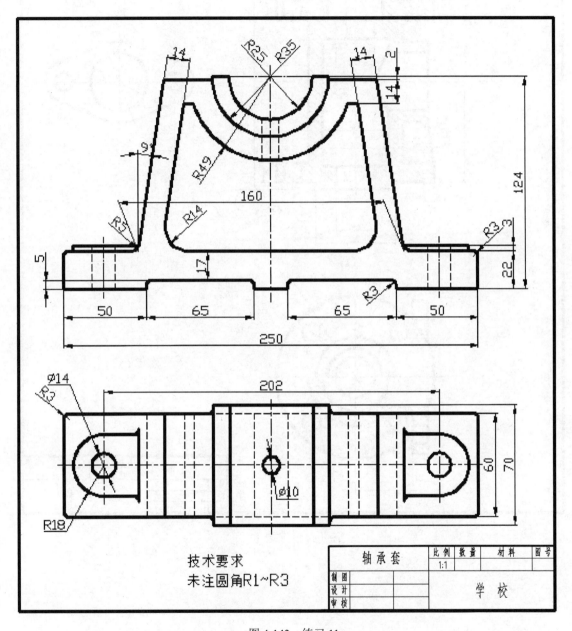

技术要求
未注圆角R1~R3

轴承套		比例	数量	材料		图号
		1:1				
制图						
设计			学 校			
审核						

图 4-143 练习 11

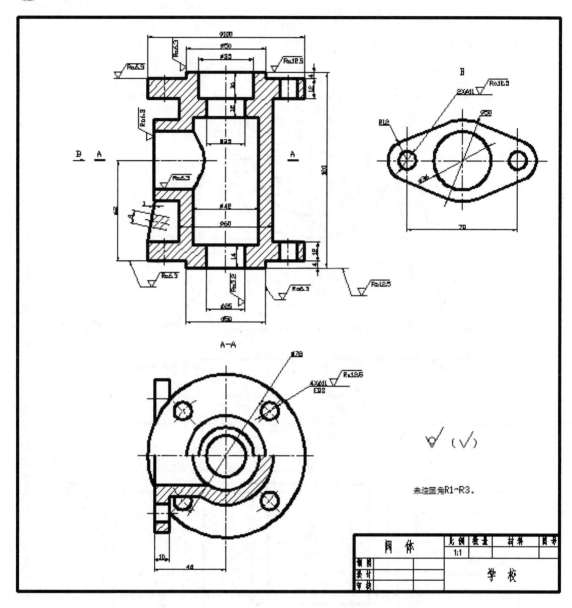

图 4-144　练习 12

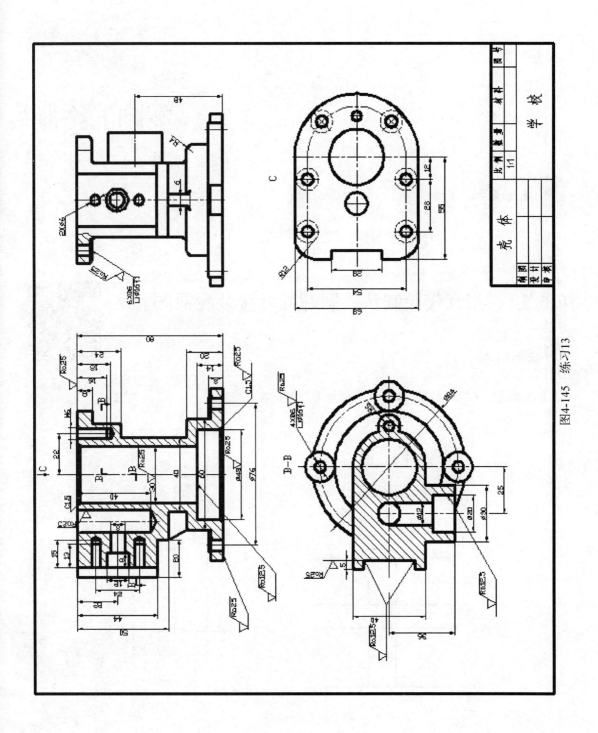

图4-145 练习13

装配图的绘制

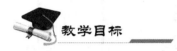

教学目标

1. 学习用直接绘制法在 AutoCAD 中绘制装配图。
2. 学习用拼装法在 AutoCAD 中绘制装配图。

任务 5.1 用直接绘制法绘制螺栓联接装配简图

任务引入

用直接绘制法绘制如图 5-1 所示的螺栓联接装配简图。

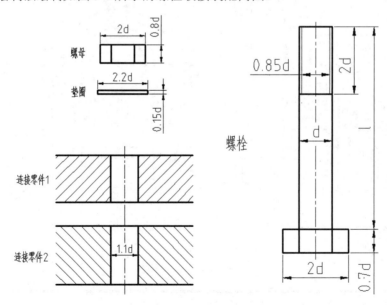

图 5-1 螺栓联接装配简图零件尺寸

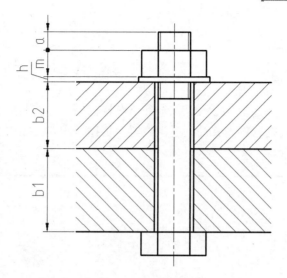

图 5-1 螺栓联接装配简图零件尺寸（续）

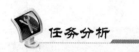

一张完整的装配图由一组视图、必要的尺寸、技术要求、标题栏和明细栏五部分组成。

在机械制图中，装配图是用来表达机器或部件的图样，主要用来反映机器的工作原理、装配关系等。装配图的绘制在 AutoCAD 中常用的方法有两种，一种是直接绘制出装配图，另一种是利用已有的零件图拼装出装配图。

直接绘制是将所有零件的图形直接绘制到合适的位置而形成装配图的过程。螺栓联接适用于连接不太厚并能钻成通孔的零件，本任务主要介绍用直接绘制法绘制螺栓联接装配简图，零件尺寸如图 5-1 所示，具体绘制时 d=20mm，b1=30mm，b2=30mm。画图前需确定螺栓公称长度：l≥b1+b2+h+m+a（计算后查表按标准选取），a 为螺栓末端旋出螺母的长度，一般取 0.3d。

在产品设计中，往往是根据实际功能和结构要求，先绘制出装配图，然后以装配图和有关参考资料为主要依据，设计零件的具体结构，绘制出零件图。这种装配图的绘制方法称为直接绘制法。绘图时一般按照 1∶1 的比例绘制，以便于绘图并有真实感。

绘制螺纹联接装配图时，应遵守以下规定：

1．两个零件的接触面只画一条粗实线。

2．在剖视图中，相邻两个零件的剖面线方向应相反或间隔不同。

3．当剖切平面通过实心零件或标准件（螺栓、螺柱、螺钉、螺母及垫圈等）时均按不剖绘制。

4．螺栓联接主要表达零部件之间的装配关系，因此螺纹紧固件的工艺结构，如倒角、退刀槽、凸肩等均可以省略不画。

任务实施

一、配置绘图环境

同任务 1.3 的内容，配置绘图环境，选择 A4 样板图，并将其另存为"螺栓联接装配简图.dwg"；打开常用工具栏，将其移动到适当位置；根据要求建立图层，绘制边框线、标题栏和明细栏，如图 5-2 所示。

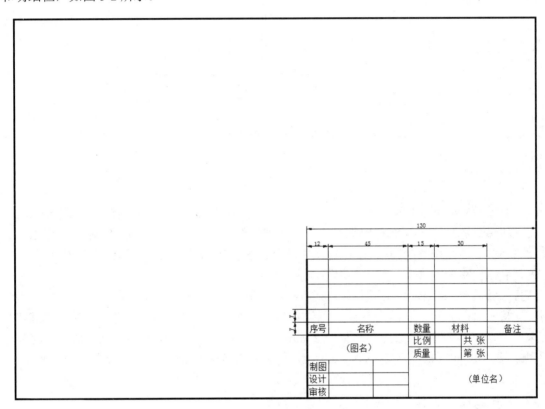

图 5-2　绘制标题栏和明细栏

二、图形绘制

步骤一　绘制基准线及两块被联接板的剖视图。

分别将图层 4、图层 1 和图层 6 设置为当前层。调用直线、偏移和图案填充命令绘制，结果如图 5-3 所示。

步骤二　绘制螺栓。

分别将图层 1 和图层 2 设置为当前层。调用直线、镜像命令绘制，修剪联接板被螺栓遮挡部分的线条，结果如图 5-4 所示。

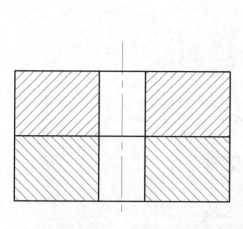

图 5-3　步骤一

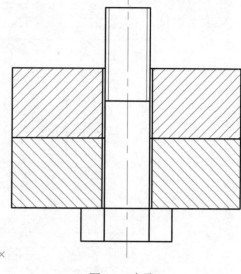

图 5-4　步骤二

步骤三　绘制垫圈和螺母。

将图层 1 设置为当前层。调用直线、镜像命令绘制，修剪螺栓被螺母和垫圈遮挡部分的线条，结果如图 5-5 所示。

步骤四　检查、删除辅助线，将图层 5 设置为当前层，标注尺寸，结果如图 5-6 所示。

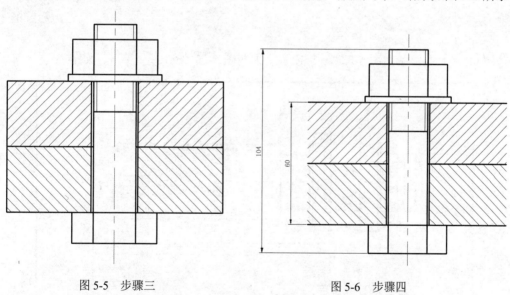

图 5-5　步骤三

图 5-6　步骤四

步骤五　将图层 7 设置为当前层，标注零件序号和明细栏，结果如图 5-7 所示。

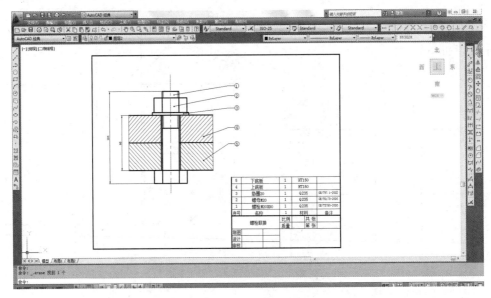

图 5-7　螺栓连接装配简图

任务 5.2　用拼装法绘制千斤顶装配图

任务引入

根据已有的零件图（图 5-8～图 5-12）拼画如图 5-13 所示的千斤顶装配图。

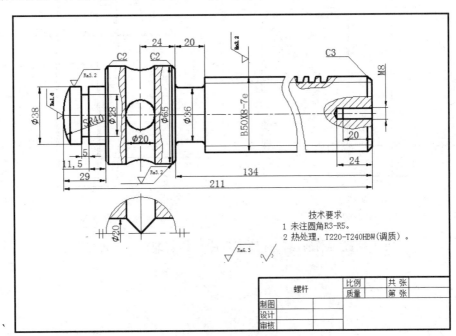

技术要求
1 未注圆角R3-R5。
2 热处理，T220-T240HBW（调质）。

螺杆		比例		共张	
		质量		第张	
制图					
设计					
审核					

图 5-8　螺杆

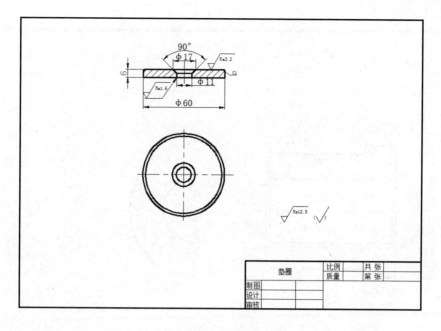

图 5-9　垫圈

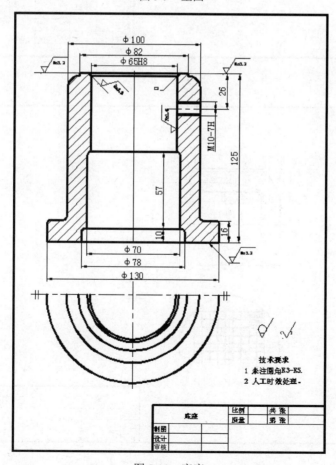

技术要求
1 未注圆角R3~R5.
2 人工时效处理.

图 5-10　底座

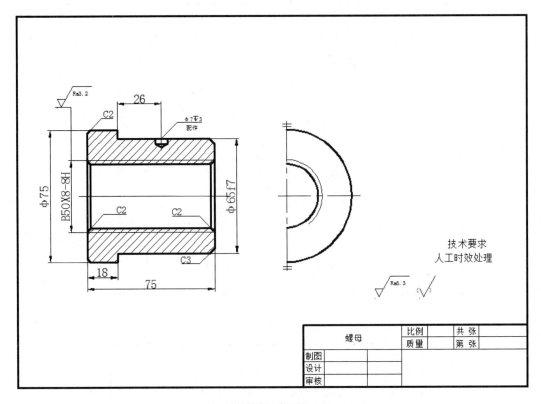

图 5-11　螺母

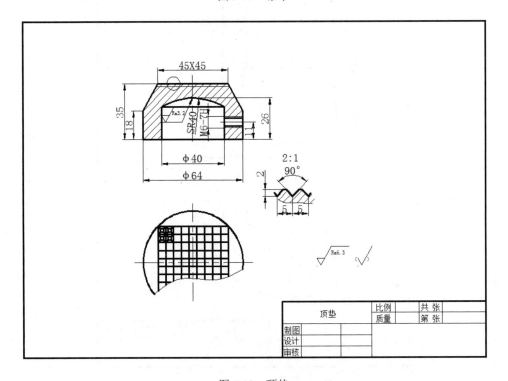

图 5-12　顶垫

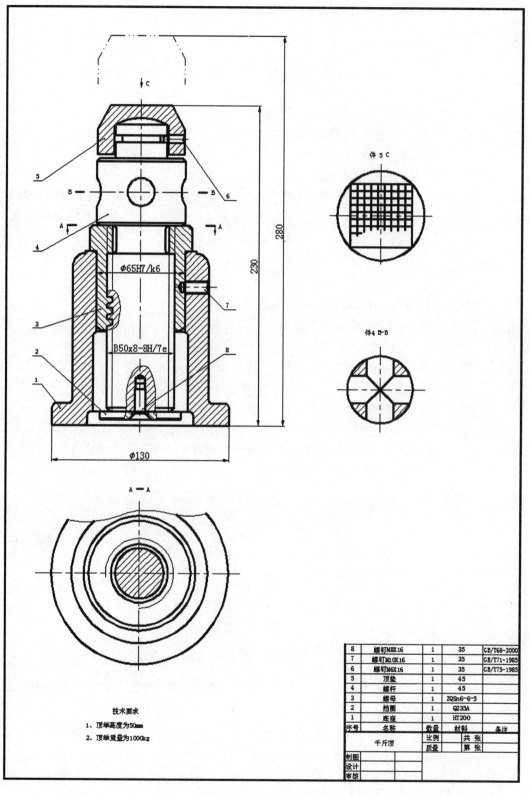

技术要求

1、顶举高度为50mm

2、顶举重量为1000kg

8	螺钉M8X16	1	35	GB/T68-2000
7	螺钉M10X16	1	35	GB/T71-1985
6	螺钉M6X16	1	35	GB/T75-1985
5	顶垫	1	45	
4	螺杆	1	45	
3	螺母	1	ZQSn6-6-5	
2	挡圈	1	Q235A	
1	底座	1	HT200	
序号	名称	数量	材料	备注
	千斤顶	比例		共 张
		质量		第 张
制图				
设计				
审核				

图 5-13 千斤顶装配图

拼装法是将零件图形库中的零件图分别插入到合适位置，然后进行修改、删除多余的图线，最后形成装配图的过程。

拼装法常用的方法有以下 3 种

1．用复制—粘帖的方法来绘制装配图。

2．用插入图块的方法来绘制装配图。

3．用插入文件的方法来绘制装配图。

从图 5-13 可以看出，该装置由 8 个零件组成，其中标准件 3 种、非标准件 5 种。此外，还需分析各零件之间的装配关系。本任务主要介绍用拼装法拼画图 5-13 所示的千斤顶装配图。

下面用插入文件的方法来举例说明拼装法的作图步骤。

（1）绘制零件图：用拼装法绘制装配图，首先要建立标准件、常用件和非标准件的零件图库。

注意：绘制零件图时用统一的格式，0 层不要绘制图形。

（2）为各零件图形定义插入基点：用 绘图 → 块 → 基点 菜单命令，分别保存为文件。

（3）在插入时需将标注等图层关闭，另建立一个装配标注图层。

（4）用 插入 → 块 菜单命令打开如图 5-14 所示的"插入"对话框，单击"浏览"按钮。系统将打开如图 5-15 所示的"选择图形文件"对话框，在该对话框中选中要插入的零件图，单击"打开"按钮，即可将零件图插入到装配图中。

图 5-14 "插入"对话框　　　　　　　　图 5-15 "选择图形文件"对话框

插入图块时要注意以下几点：

① 插入图块是将图块基点放到插入点的位置，故基点、插入点应正确选择。

② 若图形插入的位置不正确，则可单击工具栏中的"移动"命令将图块移到正确位置。

③ 图形插入后，一般都要进行图形编辑，因此，在图形编辑前必须单击"修改"工具栏中的"分解"命令将图形块分解。

④ 图块插入后，一般情况下要进行图形修改编辑，删除看不见的结构或装配图中可以省略或简化的工艺结构。有的图块插入后，可能出现两条图线距离太小的情况，此时有必要采用夸大画法，修改时常用打断、修剪、删除、移动命令。

⑤ 标注装配尺寸，填写标题栏、明细栏、技术要求等，完成图形绘制后保存。

边框线、标题栏、明细栏及装配图中的图层可参照零件图设置装配图样板文件，方便以后使用。

一、配置绘图环境

同任务 5.1 的内容，配置绘图环境，按 A2 图纸竖放的尺寸设置样板图，并将其另存为"A2装配图.dwt"；打开常用工具栏，将其移动到适当位置；根据要求建立图层，绘制边框线、标题栏和明细栏，如图 5-2 所示。

二、拼装装配图

步骤一 拼装主视图。

（1）建立新文件，打开"A2 装配图.dwt"，重命名为"千斤顶装配图"，如图 5-16 所示。

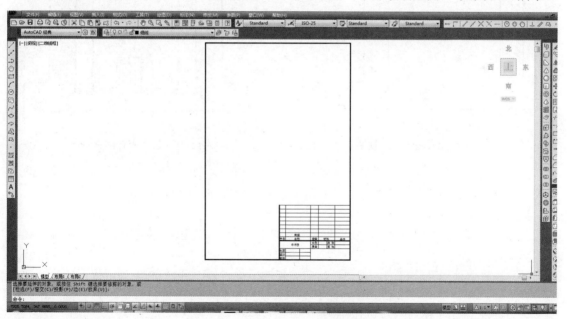

图 5-16 建立新文件

（2）插入零件 1（底座）的图块，将图块分解后，保留主视图，确定底座主视图位置，关闭尺寸标注图层，底座是装配图的基准件。

（3）插入零件 3（螺母）的图块，保留主视图，旋转 90° 以结合面上的中心为定位点，移动到正确位置，并将不可见的线条删除，检查剖面线的方向，使相邻剖面线的方向相反，如图 5-17 所示。

（4）插入零件 4（螺杆）的图块，旋转 90°移动到与螺母相邻的正确位置，正确绘制螺杆与螺母的螺纹连接部分，将不可见的线条删除，并检查螺杆剖面线的方向，如图 5-18 所示。

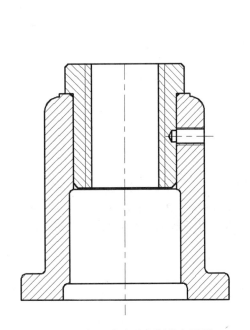

图 5-17　插入底座及螺母的主视图

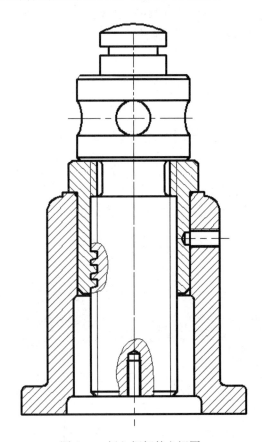

图 5-18　插入螺杆的主视图

（5）用同样的方法插入零件 2（垫圈）、零件 5（顶垫），并分别正确定位，分析零件的遮挡关系，对图形进行修改，删除不可见轮廓线，画出剖面线，如图 5-19 所示。

步骤二　拼装俯视图。

（1）插入零件 1（底座）的图块，将图块分解后，保留俯视图，将俯视图镜像，确定底座俯视图位置。

（2）插入零件 3（螺母）的图块，保留俯视图，旋转 90°以中心点为定位点，移动到正确位置，并将不可见的线条删除，去掉多余的和不可见的图线，直接根据投影关系，在俯视图上绘制螺杆中间的 $\phi36$ 圆并绘制剖面线。

（3）删除俯视图上被其他零件遮挡的轮廓线，如图 5-20 所示。

步骤三　完善视图。

绘制标准件 6、7、8 的主视图，零件 5 的 C 向视图，零件 4 的 B-B 剖视图。将图层 7 设置为当前层，标注零件之间的配合尺寸、安装尺寸、总体外形尺寸，编写零件序号。绘制结果如图 5-21 所示。

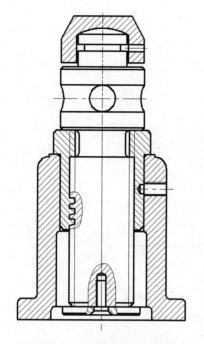

图 5-19　千斤顶装配图主视图

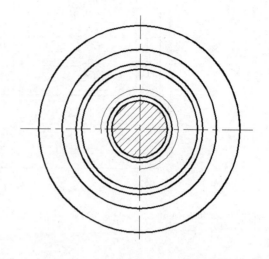

图 5-20　千斤顶装配图俯视图

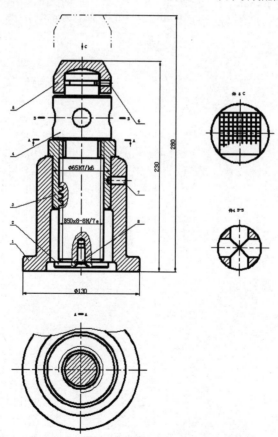

图 5-21　完善视图、标注尺寸、编写零件序号后的千斤顶装配图

步骤四 插入并填写明细栏和标题栏，如图 5-22 所示。

8	螺钉M8X16	1	35	GB/T68-2000
7	螺钉M10X16	1	35	GB/T71-1985
6	螺钉M6X16	1	35	GB/T75-1985
5	顶垫	1	45	
4	螺杆	1	45	
3	螺母	1	ZQSn6-6-5	
2	垫圈	1	Q235A	
1	底座	1	HT200	
序号	名称	数量	材料	备注

千斤顶		比例		共 张
		质量		第 张
制图				
设计				
审核				

图 5-22　标题栏与明细栏

步骤五 仔细检查全图，保证视图正确后存盘，绘制结果如图 5-13 所示。

练习题

根据图 5-23～图 5-28 所给装配示意图和零件图绘制千斤顶装配图。

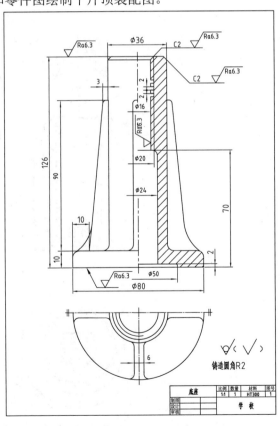

图 5-24　底座

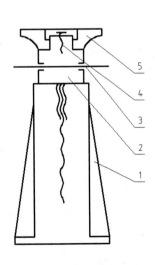

图 5-23　千斤顶装配示意图

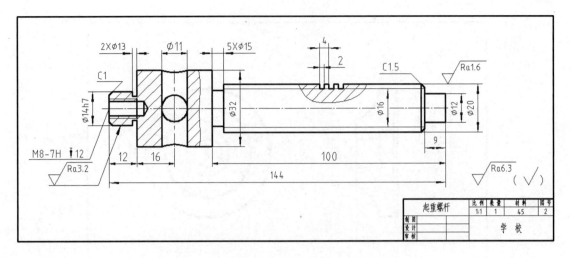

图 5-25 起重螺杆

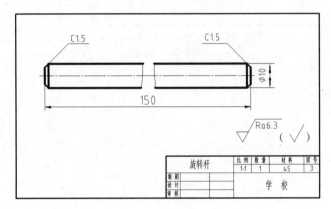

图 5-26 旋转杆

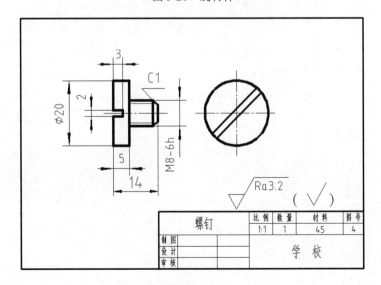

图 5-27 螺钉

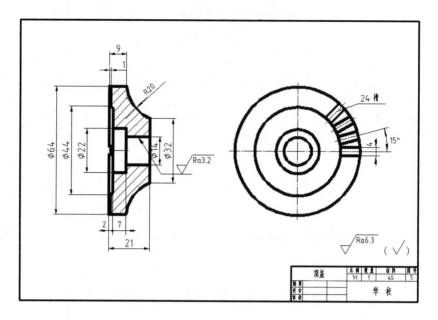

图 5-28　顶盖

项目 6

实体建模

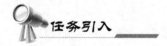

教学目标

1. 熟悉 AutoCAD 实体建模的工作界面及基本设置。
2. 掌握建立实体零件模型的方法步骤。
3. 了解 AutoCAD 的渲染的基本方法。
4. 掌握建立简单三维实体装配件模型的方法步骤。

任务 6.1 回转类零件的实体建模

任务引入

了解实体建模的相关概念及菜单命令，建立如图 6-1 所示简单零件的实体模型。

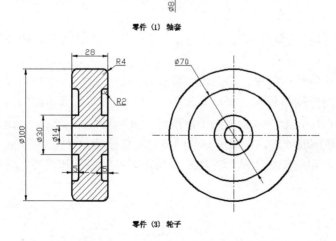

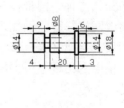

图 6-1 简单的零件图

任务分析

　　了解掌握实体建模基本概念，选择预设三维视图的方法，使用受约束的动态观察的方法，使用 UCS、使用视觉样式显示模型的方法。此 4 个零件都是回转体，所以都可以使用旋转命令来建立模型。在执行旋转命令前，应使用面域命令，将需进行旋转的对象创建为面域。

相关知识

一、实体建模概述

　　AutoCAD 实体建模可让用户使用实体、曲面和网格对象创建图形。

1．实体模型

　　实体模型是具有质量、体积、重心和惯性矩等特性的封闭三维体。可以从图元实体（如圆锥体、长方体、圆柱体和棱锥体）开始绘制，然后进行修改并将其重新合并以创建新的形状。或者绘制一个自定义多段体拉伸并使用各种扫掠操作，以基于二维曲线和直线创建实体。

2．曲面模型

　　曲面模型是不具有质量或体积的薄抽壳。AutoCAD 提供两种类型的曲面：程序曲面和 NURBS 曲面。使用程序曲面可利用关联建模功能，而使用 NURBS 曲面可利用控制点造型功能。

　　典型的建模工作流是使用网格、实体和程序曲面创建基本模型，然后将它们转换为 NURBS 曲面。这样，用户不仅可以使用实体和网格提供的独特工具和图元形，还可使用曲面提供的造型功能：关联建模和 NURBS 建模。

　　可以使用某些用于实体模型的相同工具来创建曲面模型，如扫掠、放样、拉伸和旋转，还可以通过对其他曲面进行过渡、修补、偏移、创建圆角和延伸来创建曲面。

3．网格模型

　　网格模型由使用多边形表示（包括三角形和四边形）来定义三维形状的顶点、边和面组成。

　　与实体模型不同，网格没有质量特性。但是，与三维实体一样，从一开始，用户可以创建诸如长方体、圆锥体和棱锥体等图元网格形式。可以通过不适用于三维实体或曲面的方法来修改网格模型。例如，可以应用锐化、分割以及增加平滑度，可以拖动网格子对象（面、边和顶点）使对象变形。要获得更精细的效果，可以在修改网格之前优化特定区域的网格。

　　使用网格模型可提供隐藏、着色和渲染实体模型的功能，而无须使用质量和惯性矩等物理特性。

二、选择预设三维视图

　　可以根据名称或说明选择预定义的标准正交视图和等轴测视图。

　　快速设定视图的方法是选择预定义的三维视图。可以根据名称或说明选择预定义的标准

正交视图和等轴测视图。这些视图代表常用选项：俯视、仰视、主视、左视、右视和后视，如图 6-2 所示。此外，可以从以下等轴测选项设定视图：SW（西南）等轴测、SE（东南）等轴测、NE（东北）等轴测和 NW（西北）等轴测。

要理解等轴测视图的表现方式，可以想象正在俯视盒子的顶部，如果朝盒子的左下角移动，可以从西南等轴测视图观察盒子；如果朝盒子的右上角移动，可以从东北等轴测视图观察盒子。

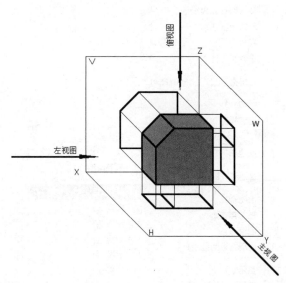

图 6-2 三视图示意图

命令操作如下。

（1）单击"视图"工具栏中的图标按钮，如图 6-3 所示。

图 6-3 "视图"工具栏

（2）从"视图"下拉菜单中选择所需要的选项，如图 6-4 所示。

三、动态观察工具

"动态观察"工具用于基于固定的轴心点绕模型旋转当前视图。

（1）受约束的动态观察：沿 XY 平面或 Z 轴约束三维动态观察。（3DORBIT）在三维空间中旋转视图，但仅限于水平动态观察和垂直动态观察。

（2）自由动态观察：不参照平面，在任意方向上进行动态观察。沿 Z 轴的 XY 平面进行动态观察时，视点不受约束（3DFORBIT）。

（3）连续动态观察：连续地进行动态观察。在要使连续动态观察移动的方向上单击并拖动，然后松开鼠标。动态观察沿该方向继续移动（3DCORBIT）。

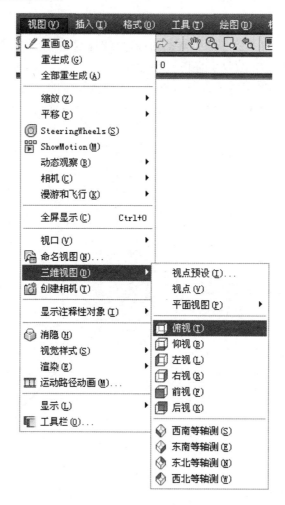

图 6-4 "三维视图"菜单

命令操作如下。

（1）单击"动态观察"工具栏中的图标按钮，如图 6-5 所示。

（2）从"视图"下拉菜单中选择所需要的选项，如图 6-6 所示。

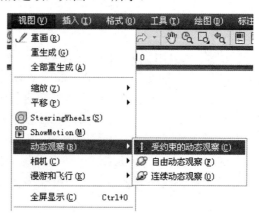

图 6-5 "动态观察"工具栏　　　　　　　　　图 6-6 "动态观察"菜单

四、UCS 概述

UCS 是处于活动状态的坐标系，用于建立图形和建模的 XY 平面（工作平面）和 Z 轴方向。控制 UCS 原点和方向，以在指定点、输入坐标和使用绘图辅助工具时更便捷地处理图形。命令操作如下。

（1）单击"USC"工具栏中的图标按钮，如图 6-7 所示。

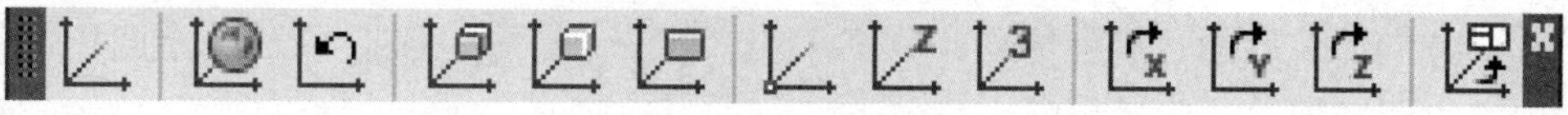

图 6-7　"UCS"工具栏

（2）从"工具"下拉菜单中选择所需要的选项，如图 6-8 所示。

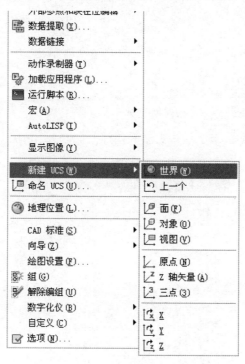

图 6-8　"新建 UCS"菜单

① 世界：将 UCS 与世界坐标系（WCS）对齐。

② 上一个：恢复上一个 UCS。可以在当前任务中逐步返回最后 10 个 UCS 设置。对于模型空间和图纸空间，UCS 设置单独存储。

③ 面：将 UCS 动态对齐到三维对象的面。

④ 对象：将 UCS 与选定的二维或三维对象对齐。UCS 可与任何对象类型对齐（除了参照线和三维多段线）。将光标移到对象上，以查看 UCS 将如何对齐的预览，并单击以放置 UCS。大多数情况下，UCS 的原点位于离指定点最近的端点，X 轴将与边对齐或与曲线相切，并且 Z 轴垂直于对象对齐。

⑤ 视图：将 UCS 的 XY 平面与垂直于观察方向的平面对齐。原点保持不变，但 X 轴和 Y 轴分别变为水平和垂直。

⑥ 原点：指定单个点，当前 UCS 的原点将会移动而不会更改 X 轴、Y 轴和 Z 轴的方向。

⑦ Z 轴矢量：将 UCS 与指定的正 Z 轴对齐。UCS 原点移动到第一个点，其正 Z 轴通过第二个点。

⑧ 三点：指定原点、正 X 轴上的点以及正 XY 平面上的点。

⑨ X、Y、Z：绕指定轴旋转当前 UCS。将右手拇指指向 X 轴的正向，卷曲其余四指，其余四指所指的方向即绕轴的正旋转方向；将右手拇指指向 Y 轴的正向，卷曲其余四指，其余四指所指的方向即绕轴的正旋转方向；将右手拇指指向 Z 轴的正向，卷曲其余四指，其余四指所指的方向即绕轴的正旋转方向。

通过指定原点和一个或多个绕 X 轴、Y 轴或 Z 轴的旋转，可以定义任意的 UCS。

五、实体建模命令

命令操作如下。

（1）单击"建模"工具栏中的图标按钮，如图 6-9 所示。

图 6-9 "建模"工具栏

（2）从"绘图"下拉菜单中选择所需要的选项，如图 6-10 所示。

图 6-10 "建模"菜单

（1）从标准形状（称为实体图元）开始创建长方体、圆锥体、圆柱体、球体、圆环体、楔体和棱锥体。

◆ 长方体：创建实心长方体或实心立方体。

◆ 楔体：创建面为矩形或正方形的实体楔体。

◆ 圆锥体：创建底面为圆形或椭圆的尖头圆锥体或圆台。

◆ 球体：可以使用多种方法中的一种创建实体球体。

◆ 圆柱体：可以创建以圆或椭圆为底面的实体圆柱体。

◆ 圆环体：创建类似于轮胎内胎的环形实体。

◆ 棱锥体：创建最多具有 32 个侧面的实体棱锥体。

（2）从直线和曲线创建实体和曲面。

◆ 拉伸：通过将曲线拉伸到三维空间可创建三维实体或曲面。

◆ 旋转：通过绕轴旋转曲线来创建三维对象。

◆ 扫掠：通过沿路径扫掠轮廓来创建三维实体或曲面。

◆ 放样：通过在包含两个或更多横截面轮廓的一组轮廓中对轮廓进行放样来创建三维实体或曲面。

（3）三维操作。

◆ 三维移动：在三维视图中，显示三维移动小控件以帮助在指定方向上按指定距离移动三维对象。

◆ 三维旋转：在三维视图中，显示三维旋转小控件以协助绕基点旋转三维对象。

◆ 三维对齐：在二维和三维空间中将对象与其他对象对齐。

◆ 三维阵列：可以在三维空间创建对象的矩形阵列或环形阵列。

六、使用视觉样式显示模型

视觉样式控制边的显示和视口的着色。

命令操作如下。

（1）单击"视觉样式"工具栏中的图标按钮，如图 6-11 所示。

（2）从"视图"下拉菜单中选择所需的选项，如图 6-12 所示。

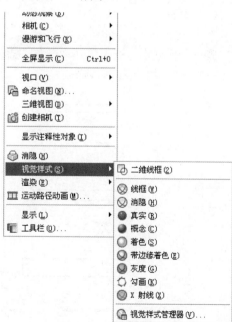

图 6-11 "视觉样式"工具栏

图 6-12 "视觉样式"菜单

◆ 二维线框：通过使用直线和曲线表示边界的方式显示对象。

◆ 线框：通过使用直线和曲线表示边界的方式显示对象。

◆ 消隐：使用线框表示法显示对象，而隐藏表示背面的线。

◆ 真实：使用平滑着色和材质显示对象。

◆ 概念：使用平滑着色和古氏面样式显示对象。古氏面样式在冷暖颜色而不是明暗效果
之间转换。效果缺乏真实感，但是可以更方便地查看模型的细节。

◆ 着色：使用平滑着色显示对象。

◆ 带边缘着色：使用平滑着色和可见边显示对象。

◆ 灰度：使用平滑着色和单色灰度显示对象。

◆ 勾画：使用线延伸和抖动边修改器显示手绘效果的对象。

◆ X 射线：以局部透明度显示对象。

七、面域命令

从形成闭合区域的对象创建面域。

命令操作如下。

单击下拉菜单 绘图 → 面域 。

输入命令 "_region"。

选择对象：   （选取要组成面域的对象）

选择对象：✓

已提取 1 个环。

已创建 1 个面域。

 任务实施

  步骤一 根据尺寸通过二维"绘图"命令及"修改"命令分别绘制出 4 个零件的轴线及
实心部分轮廓图，如图 6-13 所示。

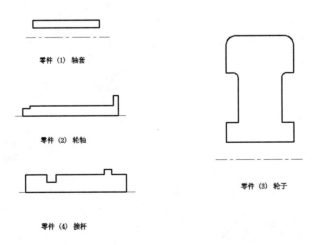

零件（1）轴套

零件（2）轮轴

零件（3）轮子

零件（4）接杆

图 6-13 步骤一

步骤二　分别将 4 个不同零件的实心部分轮廓创建成面域，并将视图转换为西南等轴测图，如图 6-14 所示。

（1）单击下拉菜单 绘图 → 面域 ，选中零件（1）实心部分轮廓线 ↙

命令：_region

选择对象：指定对角点：找到 4 个 ↙

选择对象：↙

已提取 1 个环。

已创建 1 个面域。

（2）单击下拉菜单 绘图 → 面域 ，选中零件（2）实心部分轮廓线 ↙

命令：_region

选择对象：指定对角点：找到 8 个 ↙

选择对象：↙

已提取 1 个环。

（3）单击下拉菜单 绘图 → 面域 ，选中零件（3）实心部分轮廓线 ↙

命令：_region

选择对象：指定对角点：找到 16 个 ↙

选择对象：↙

已提取 1 个环。

（4）单击下拉菜单 绘图 → 面域 ，选中零件（4）实心部分轮廓线 ↙

命令：_region

选择对象：指定对角点：找到 12 个 ↙

选择对象：↙

已提取 1 个环。

（5）单击下拉菜单 视图 → 三维视图 → 西南等轴测 。

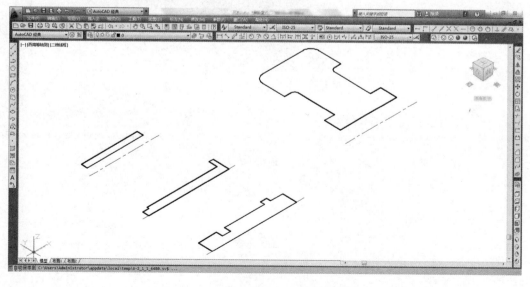

图 6-14　步骤二

步骤三 通过旋转命令分别将 4 个面域创建为如图 6-15 所示三维模型。

（1）单击下拉菜单 绘图 → 建模 → 旋转 ，选中零件（1）的面域。

命令：_revolve

当前线框密度：ISOLINES=4，闭合轮廓创建模式 = 实体

选择要旋转的对象或［模式（MO）］：_MO 闭合轮廓创建模式［实体（SO）/曲面（SU）］<实体>：_SO

选择要旋转的对象或［模式（MO）］：找到 1 个 　　（选中零件（1）的面域）

选择要旋转的对象或［模式（MO）］：✓

指定轴起点或根据以下选项之一定义轴［对象（O）/X/Y/Z］ <对象>：

（选中零件（1）的中心线的一端）

指定轴端点： 　　　　　　　　　　　　　　（选中零件（1）的中心线的另一端）

指定旋转角度或［起点角度（ST）/反转（R）/表达式（EX）］ <360>：✓

命令：指定对角点或［栏选（F）/圈围（WP）/圈交（CP）］：

（2）单击下拉菜单 绘图 → 建模 → 旋转 ，选中零件（2）的面域。

（3）单击下拉菜单 绘图 → 建模 → 旋转 ，选中零件（3）的面域。

（4）单击下拉菜单 绘图 → 建模 → 旋转 ，选中零件（4）的面域。

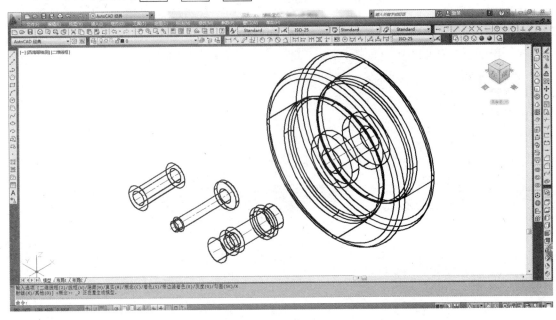

图 6-15　步骤三

步骤四 将视觉样式转换为"概念"，看建模效果，如图 6-16 所示。

单击下拉菜单 视图 → 视觉样式 → 概念 。

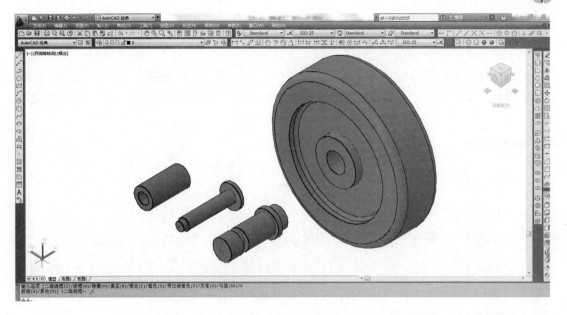

图 6-16　步骤四

任务 6.2　拉伸切割类零件实体建模

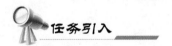任务引入

为图 6-17 所示支架零件建立实体模型。

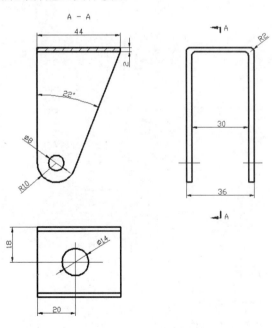

图 6-17　支架零件图

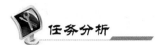
任务分析

先旋转坐标系，在垂直平面作出支架侧平面；然后再使用拉伸命令作出侧板及上方连接板；使用复制命令作出另一侧板；最后使用实体编辑工具条相关命令作出上方及两侧板之孔。

相关知识

一、三维实体编辑命令

命令操作如下。

（1）单击"实体编辑"工具栏中的图标按钮，如图 6-18 所示。

图 6-18　"实体编辑"工具栏

（2）从"修改"下拉菜单中选择所需要的选项，如图 6-19 所示。

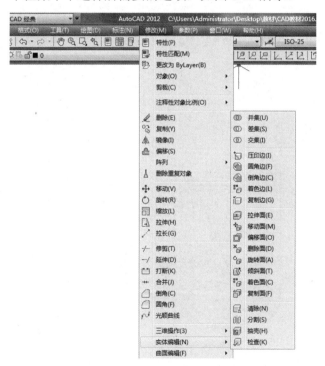

图 6-19　"实体编辑"菜单

二、创建复合对象的方法

可以使用 3 种方法创建复合实体。

（1）并集：合并两个或两个以上对象。

使用并集（UNION）命令，可以合并两个或两个以上对象的总体积，如图 6-20 所示。

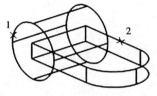 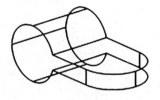

（a）要合并的对象　　　　　　　　　　（b）结果

图6-20 "并集"示意图

（2）差集：从一组实体中减去另一组实体。

使用差集（SUBTRACT）命令，可以从一组实体中删除与另一组实体的公共区域。例如，可以使用 SUBTRACT 命令从对象中减去圆柱体，从而在机械零件中添加孔，如图6-21 所示。

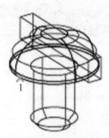  

（a）选定被减去的对象　　　（b）选定要减去的对象　　　（c）结果（为清楚起见而隐藏的线）

图6-21 "差集"示意图

（3）交集：查找公共体积。

使用交集（INTERSECT）命令，可以从两个或两个以上重叠实体的公共部分创建复合实体。INTERSECT 命令用于删除非重叠部分，以及从公共部分创建复合实体，如图6-22 所示。

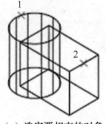

（a）选定要相交的对象　　　　　　　　　　（b）结果

图6-22 "交集"示意图

 任务实施

步骤一 根据尺寸通过二维绘图命令及修改命令绘制出零件轮廓图，如图6-23 所示。

步骤二 用面域命令将所绘制的轮廓创建成面域，用拉伸命令将面域拉伸出实体，并用西南等轴测命令来观察所绘制实体，如图6-24 所示。

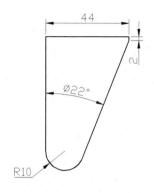

图 6-23　步骤一

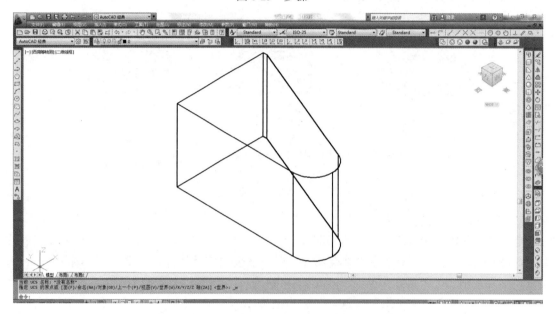

图 6-24　步骤二

（1）单击下拉菜单 绘图 → 面域 ，选中零件轮廓线↙

命令：_region

选择对象：指定对角点：找到 5 个↙

选择对象：↙

已提取 1 个环。

已创建 1 个面域。

（2）单击下拉菜单 绘图 → 建模 → 拉伸 ，选中面域，输入拉伸高度。

命令：_extrude

当前线框密度： ISOLINES=4，闭合轮廓创建模式 = 实体

选择要拉伸的对象或［模式（MO）］：_MO 闭合轮廓创建模式［实体（SO）/曲面（SU）］

＜实体＞：_SO

　选择要拉伸的对象或［模式（MO）］：找到 1 个 （选中刚建立的面域）

　选择要拉伸的对象或［模式（MO）］：↙

指定拉伸的高度或［方向（D）/路径（P）/倾斜角（T）/表达式（E）］ <0.0000>：36

（3）单击下拉菜单视图→三维视图→西南等轴测。

步骤三 使用"UCS"工具栏中的"三点"命令，将坐标设置成如图6-25所示。

命令：_ucs

当前 UCS 名称：*没有名称*

指定 UCS 的原点或［面（F）/命名（NA）/对象（OB）/上一个（P）/视图（V）/世界（W）/X/Y/Z/Z 轴（ZA）］ <世界>：_3

指定新原点<0,0,0>：选择图中"1"点

在正 X 轴范围上指定点<-231.1714,318.6222,780.5035>：选择图中"2"点

在 UCS XY 平面的正 Y 轴范围上指定点<-232.1714,319.6222,780.5035>：选择图中"3"点

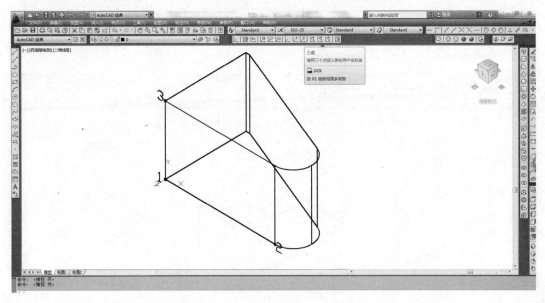

图 6-25 步骤三

步骤四 使用矩形命令，绘制一个矩形，并将此矩形拉伸后用布尔运算中的差集命令减去，如图6-26所示。

（1）单击下拉菜单绘图→矩形。

命令：_rectang

指定第一个角点或［倒角（C）/标高（E）/圆角（F）/厚度（T）/宽度（W）］：2,3✓

指定另一个角点或［面积（A）/尺寸（D）/旋转（R）］：@80,30✓

绘制结果如图6-26（a）所示。

（2）单击下拉菜单绘图→建模→拉伸，选中矩形。

命令：_extrude

当前线框密度： ISOLINES=4，闭合轮廓创建模式 = 实体

选择要拉伸的对象或［模式（MO）］：_MO 闭合轮廓创建模式［实体（SO）/曲面（SU）］ <实体>：_SO

选择要拉伸的对象或［模式（MO）］：L✓

找到 1 个

选择要拉伸的对象或［模式（MO）］：↙

指定拉伸的高度或［方向（D）/路径（P）/倾斜角（T）/表达式（E）］ <44.0000>：44↙

结果如图 6-26（b）所示。

（3）单击下拉菜单 修改 → 实体编辑 → 差集 ，选中步骤三所创建的实体后回车，再选择刚创建的矩形体。

命令：_subtract 选择要从中减去的实体、曲面和面域...

选择对象：找到 1 个　　　　　　　（选择步骤三所创建的实体）

选择对象：↙

选择要减去的实体、曲面和面域...

选择对象：找到 1 个　　　　　　　（选择图中刚创建的矩形体）

选择对象：↙

绘制结果如图 6-26（c）所示。

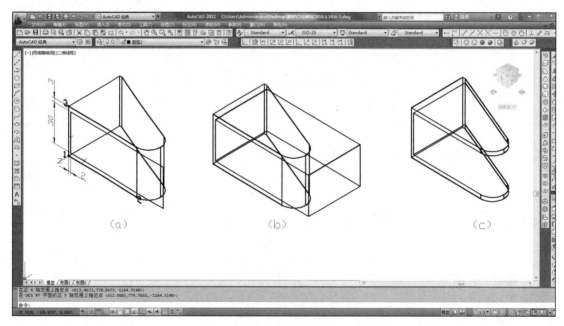

图 6-26　步骤四

步骤五　在顶板和侧板上指定位置各画一个圆形，并拉伸成圆柱体，如图 6-27 所示。

操作步骤同步骤三和步骤四，先使用"UCS"工具栏中的"三点"命令，将坐标中的 XY 轴设置到需要绘制圆形的零件表面，然后绘制圆形再拉伸。

步骤六　通过差集命令完成圆孔，通过圆角命令完成圆角创建，着色后的效果如图 6-28 所示。

（1）单击下拉菜单 修改 → 实体编辑 → 差集 。

命令：_subtract 选择要从中减去的实体、曲面和面域...

选择对象：找到 1 个　　　　　　　（选择步骤四所创建的实体）

选择对象：↙

选择要减去的实体、曲面和面域…

选择对象：找到 2 个　　　　　　　　（选择步骤五所创建的实体）

选择对象：↙

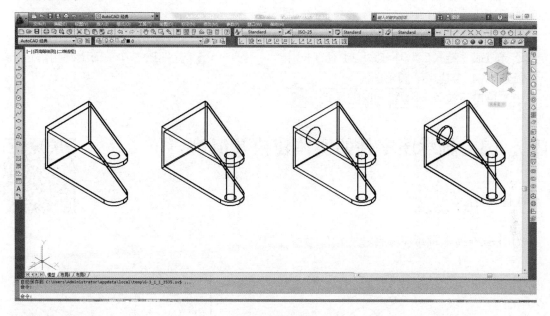

图 6-27　步骤五

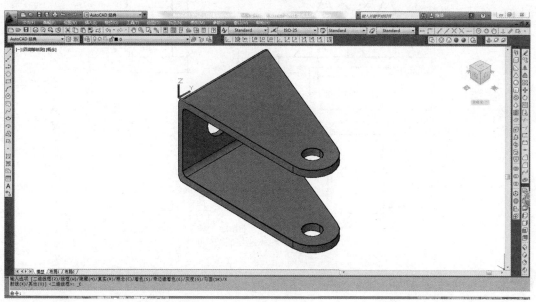

图 6-28　步骤六

（2）单击下拉菜单 修改 → 圆角 。

命令：_fillet

当前设置：模式 = 修剪，半径 = 0.0000

选择第一个对象或［放弃（U）/多段线（P）/半径（R）/修剪（T）/多个（M）］：r

指定圆角半径 <0.0000>: 2

选择第一个对象或［放弃（U）/多段线（P）/半径（R）/修剪（T）/多个（M）］:

输入圆角半径或［表达式（E）］ <2.0000>:

选择边或［链（C）/环（L）/半径（R）］:

已拾取到边。

选择边或［链（C）/环（L）/半径（R）］:　　　　　　　（分别选择4条需倒圆角的边）

已选定 4 个边用于圆角。

（3）单击下拉菜单 视图 → 视觉样式 → 概念 。

任务6.3　轴承座零件的实体建模及渲染

为图6-29所示轴承座零件建立实体模型并渲染。

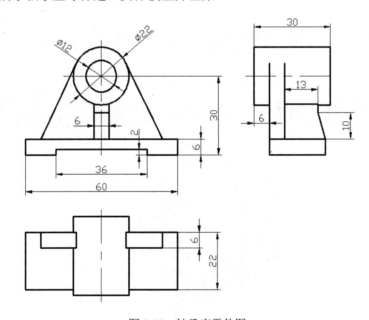

图6-29　轴承座零件图

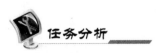

　　此零件的特点是后端面基本是一个平面，可先把后端面画出，然后通过拉伸命令建立起基本结构。圆柱后面部分及中间圆孔部分通过"实体编辑"中的相关操作完成。待三维模型完成后，再进行渲染处理。

 相关知识

一、渲染知识概要

命令操作如下。

（1）单击"渲染"工具栏中的图标按钮，如图6-30所示。

图 6-30 "渲染"工具栏

（2）从"视图"下拉菜单中选择所需要的选项，如图6-31所示。

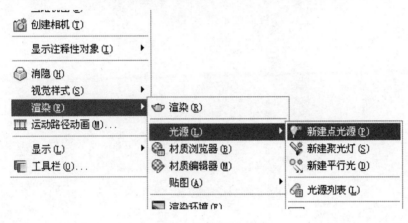

图 6-31 "渲染"菜单

二、"渲染"窗口

"渲染"窗口分为以下3个窗格。

"图像"窗格：显示渲染图像。

"统计信息"窗格：位于右侧，显示用于渲染的当前设置。

"历史记录"窗格：位于底部，提供当前模型的渲染图像的近期历史记录以及进度条以显示渲染进度。

三、光源

（1）新建点光源：创建可从所在位置向所有方向发射光线的点光源。

（2）新建聚光灯：聚光灯（如闪光灯、剧场中的跟踪聚光灯或前灯）分布投射一个聚焦光束。聚光灯发射定向锥形光。可以控制光源的方向和圆锥体的尺寸。

（3）新建平行光：平行光仅向一个方向发射统一的平行光光线。

四、材质浏览器

使用"材质浏览器"窗口可以组织、分类、搜索和选择要在图形中使用的材质，如图6-32

所示。

图6-32 "材质浏览器"窗口

浏览器包含下列主要组件：

（1）浏览器工具栏：包含"创建材质"下拉列表（它允许创建常规材质或从样板列表创建）和搜索框。

（2）文档材质：显示一组保存在当前图形中的材质的显示选项。可以按名称、类型和颜色对文档材质排序。

（3）材质库：显示 Autodesk 库，它包含预定义的 Autodesk 材质和其他包含用户定义的材质的库。它还包含一个按钮，用于控制库和库类别的显示。可以按名称、类别、类型和颜色对库中的材质排序。

（4）库详细信息：显示选定类别中材质的预览。

（5）浏览器底部栏：包含"管理"菜单，用于添加、删除和编辑库和库类别；还包含一个按钮，用于控制库详细信息的显示选项。

 任务实施

步骤一 画出零件后表面。

（1）由于二维绘图都是在 X 轴和 Y 轴所构成的平面上进行，而此零件后表面为一垂直平面，所以首先将原始坐标系绕 X 轴旋转 90°。

单击下拉菜单 工具 → 新建 UCS → X ，指定绕 X 轴的旋转角度 <90>：90✓

（2）绘制图 6-33 所示图形。

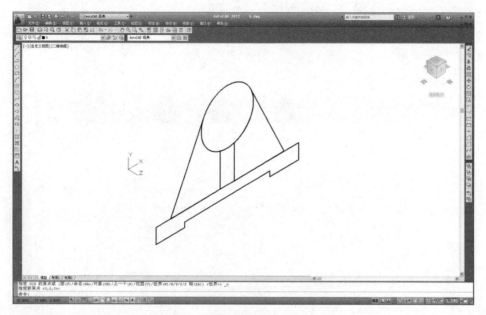

图 6-33　步骤一

步骤二　将图 6-33 所示图形相关边界转换为多段线。

单击下拉菜单 绘图 → 边界 → 拾取点 ，选取图中边界内部点，右击确定。

步骤三　通过拉伸命令，将步骤二所作多段线拉伸成为三维立体。

单击下拉菜单 绘图 → 建模 → 拉伸 ，选择要拉伸的对象或［模式（MO）］，选取步骤二所作多段线，指定拉伸的高度或［方向（D）/路径（P）/倾斜角（T）/表达式（E）］ <22.0000>：输入各相应长度✓。

绘制结果如图 6-34 所示。

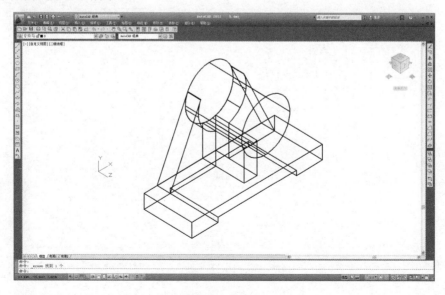

图 6-34　步骤三

步骤四 通过拉伸面命令将圆柱体向后延伸 6mm。

（1）单击下拉菜单 视图→三维视图→东北等轴测。

（2）单击下拉菜单 修改→实体编辑→拉伸面，选择面或［放弃（U）/删除（R）］，选中圆柱后表面，右击确定，指定拉伸高度或［路径（P）］ 6↙

绘制结果如图 6-35 所示。

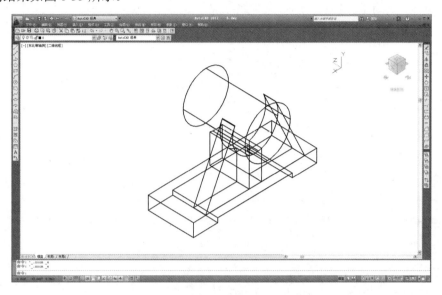

图 6-35　步骤四

步骤五 完成板。

（1）将视图转换为"西南等轴测"。

（2）单击下拉菜单 绘图→多段线，选中长方体左端面，如图 6-36 所示，绘制出如图 6-37 所示三角形。

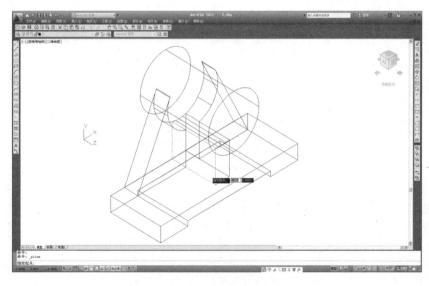

图 6-36　步骤五，选中长方体左端面

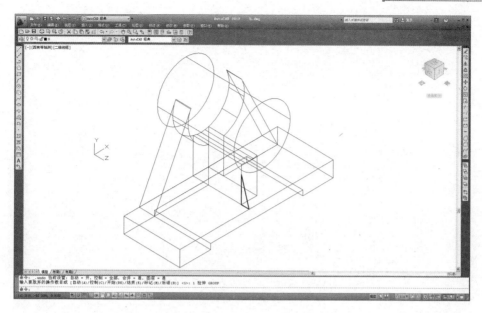

图 6-37 步骤五，绘制三角形

（3）单击下拉菜单 绘图 → 建模 ，选择要拉伸的对象或［模式（MO）］：选中上图三角形，指定拉伸的高度或［方向（D）/路径（P）/倾斜角（T）/表达式（E）］：6✓

绘制结果如图 6-38 所示。

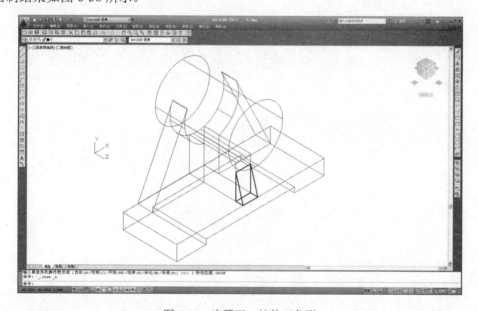

图 6-38 步骤五，拉伸三角形

步骤六 完成圆孔。

（1）在绘制孔前，先要把前面建好的模型通过并集命令合为一体，单击下拉菜单 修改 → 实体编辑 → 并集 ，选中所有立体结构，右击确定。

（2）在圆柱体前表面画出 φ12 圆，如图 6-39 所示。

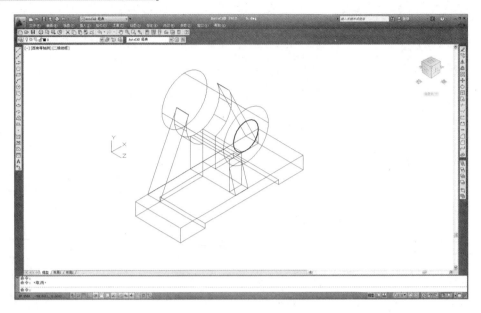

图 6-39　步骤六，绘制圆

（3）将圆拉伸为圆柱体：单击下拉菜单 绘图 → 建模 。

选择要拉伸的对象或［模式（MO）］：选中圆，指定拉伸的高度或［方向（D）/路径（P）/倾斜角（T）/表达式（E）］：30↙。

绘制结果如图 6-40 所示。

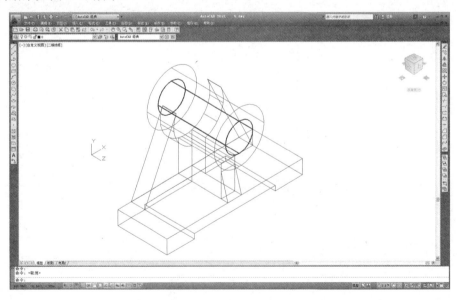

图 6-40　步骤六，拉伸圆

（4）通过差集创建圆孔：单击下拉菜单 修改 → 实体编辑 → 差集 。

命令：_subtract

选择要从中减去的实体、曲面和面域...，选择对象：选中前面并集过的模型，右击；选择要减去的实体、曲面和面域...选择对象：选中圆柱体，右击。

绘制结果如图 6-41 所示。

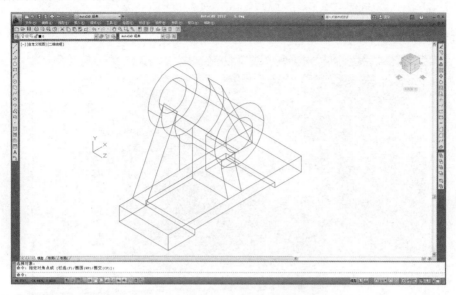

图 6-41　步骤六，通过差集创建圆孔

步骤七　将视觉样式转换为"概念"，看建模效果，结果如图 6-42 所示。
单击下拉菜单 视图 → 视觉样式 → 概念 。

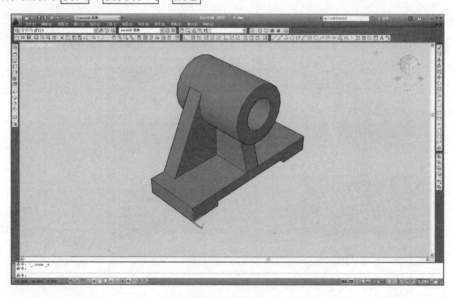

图 6-42　步骤七

步骤八　在所建模型中新建一个点光源，进行渲染处理。

（1）将坐标系放置于零件左下角。

单击下拉菜单 工具 → 新建 UCS → 世界 UCS 。

单击下拉菜单 工具 → 新建 UCS → 原点 UCS ，选中图 6-42 所示图形坐标系所在位置。

（2）输入新建点光源坐标。

单击下拉菜单 视图 → 渲染 → 光源 → 新建点光源，指定源位置<0,0,0>：−200,300,200↙

（3）生成点光源渲染图，如图 6-43 所示。

单击下拉菜单 视图 → 渲染 → 渲染。

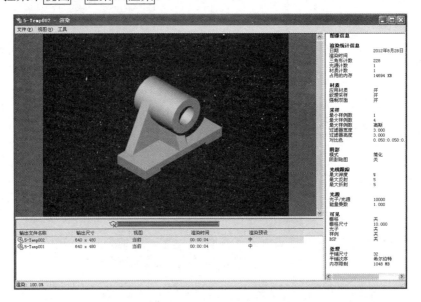

图 6-43　步骤八，点光源渲染图

步骤九　为模型添加材质——"金属漆"，进行渲染处理，最后效果如图 6-44 所示。

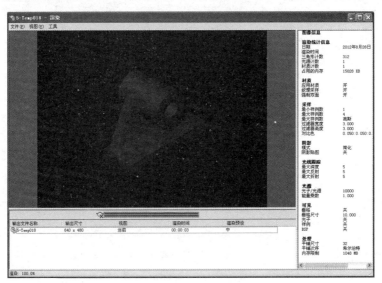

图 6-44　加入"金属漆"材质渲染图

（1）单击下拉菜单 视图 → 渲染 → 材质浏览器，打开材质浏览器，如图 6-45 所示。

（2）单击下拉菜单 创建材质 → 金属漆，将"金属漆"加入文档材质，如图 6-46 所示。

（3）选中需添加材质的零件，在"金属漆"图标上右击，单击 指定给当前选择。

（4）单击下拉菜单 视图 → 渲染 → 渲染。

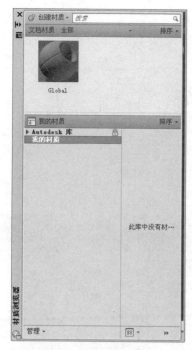

图6-45 "材质浏览器"窗口

图6-46 加入"金属漆"材质

任务6.4 建立简单的三维装配体模型

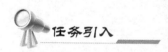

任务引入

根据零件图绘制滑轮三维装配体模型,如图6-47所示。

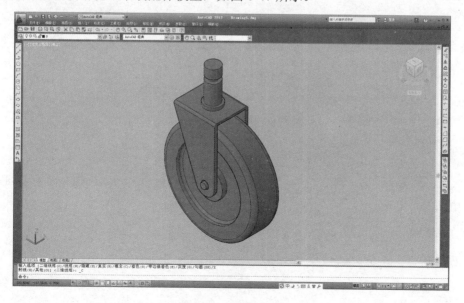

图6-47 滑轮装配图

任务分析

该任务中的各个零件在任务 6.1 和任务 6.2 中都已建立三维实体,本任务中只需通过复制、三维旋转、移动等命令将其组装成三维装配体。

任务实施

步骤一 建立一个新的 CAD 文件,通过单击下拉菜单 编辑 → 复制 → 粘贴 的方法,将上述零件模型复制到同一文件中,如图 6-48 所示。

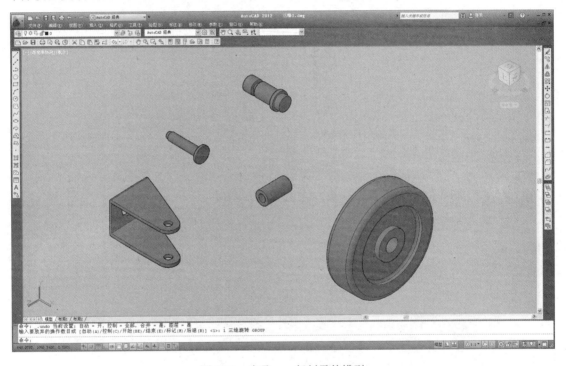

图 6-48 步骤一,复制零件模型

步骤二 通过单击下拉菜单 修改 → 三维操作 → 三维旋转 将图 6-49 中的各零件旋转为图 6-49 所示方向,再通过单击下拉菜单 修改 → 移动 将各零件移动到图 6-49 所示位置。移动前可画两条辅助线,有助于定位。

步骤三 继续通过单击下拉菜单 修改 → 移动 将各零件移动到位。

注意: 在移动命令选 "基点" 和 "第二点" 时,应分别选定两零件配合时的相同位置点。

绘制结果如图 6-50 所示。

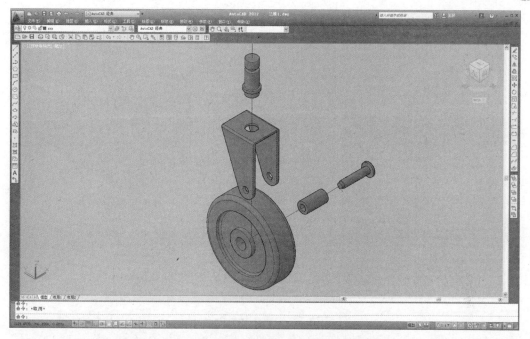

图 6-49 步骤二，旋转、移动零件模型

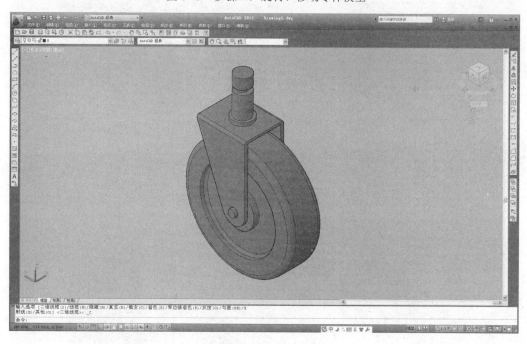

图 6-50 "滑轮"装配图

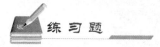

练习题

在 AutoCAD 中创建如图 6-51～图 6-60 所示的三维立体模型。

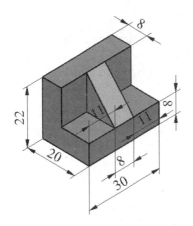

图 6-51　练习 1

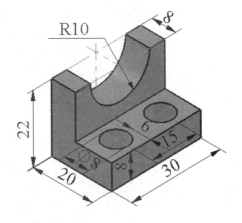

图 6-52　练习 2

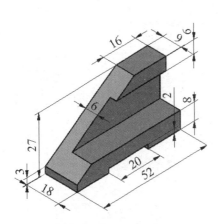

图 6-53　练习 3

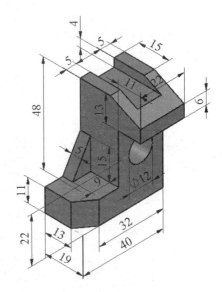

图 6-54　练习 4

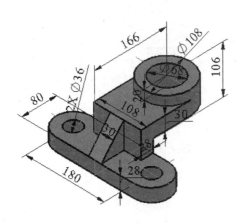

图 6-55　练习 5

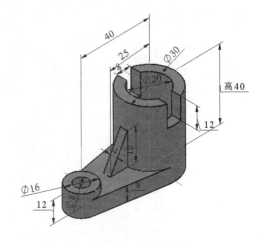

图 6-56　练习 6

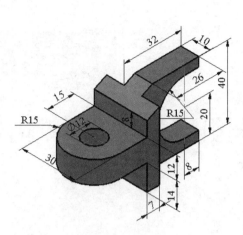

图 6-57　练习 7

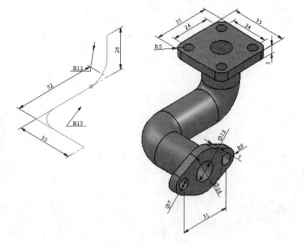

图 6-58　练习 8

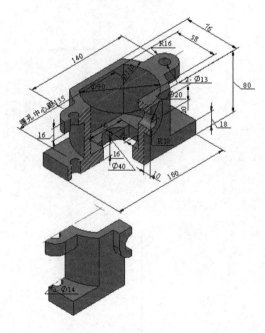

图 6-59　练习 9

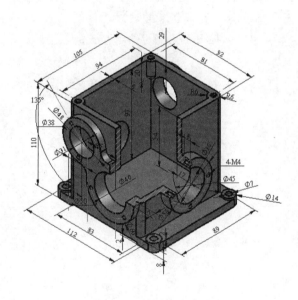

图 6-60　练习 10

项目 7

图纸布局与打印输出

教学目标

1. 熟悉 AutoCAD 的模型空间的使用与特点。
2. 熟悉 AutoCAD 的图纸空间的使用与特点。
3. 掌握打印设备的设置。
4. 掌握图样打印的操作方法。

任务 7.1 视口与图纸空间

任务引入

根据要求在 AutoCAD 的图纸空间中建立如图 7-1 所示的布局。

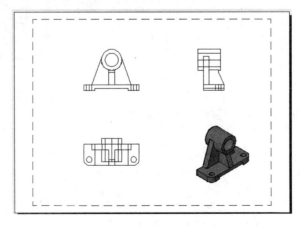

图 7-1　图纸布局

 任务分析

在 AutoCAD 中有两个工作空间：模型空间与图纸空间，通常绘图和设计工作都在模型空间中进行，在模型空间中绘制二维图形或进行三维实体造型。当绘制的图形或生成的三维实体需要打印输出时，通常进入图纸空间，规划视图的位置与大小，也就是将模型空间中各个不同视角下产生的视图，或不同比例的视图安排在一张图纸上。

 **相关知识**

一、模型空间的使用与特点

模型空间中的"模型"是指在 AutoCAD 中用绘制与编辑命令生成的代表现实世界物体的对象，而模型空间是建立模型时所处的 AutoCAD 环境。在模型空间里，可以按照物体的实际尺寸绘制、编辑二维或三维图形，也可以进行三维实体造型，还可以全方位地显示图形对象，因此模型空间是一个三维环境。通常人们使用 AutoCAD 时，首先是在模型空间中进行工作。一般在模型空间的工作包括以下内容。

（1）进入模型空间：当启动 AutoCAD 后默认处于模型空间，绘图窗口下面的"模型"卡是激活的，而图纸空间是关闭的。

（2）设置工作环境：即设置尺寸记数格式和精度、绘图范围、层、线型、线宽以及作图辅助工具等。

（3）建立、编辑模型：按物体的实际尺寸绘制、编辑二维或三维实体。

（4）建立多个视口：为了能全方位展现模型对象，除了可以用显示控制类命令，还可以使用"视图"→"视口（VPORTS）"命令在绘图窗口设置多个视口，每个视口表示图形的一部分或模型对象的一种显示形式，如图 7-2 所示。

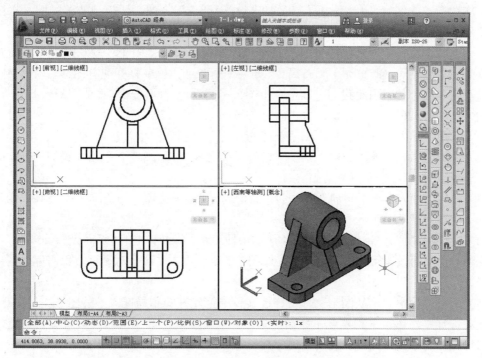

图 7-2　多视口显示模型

二、图纸空间的使用与特点

图纸空间的"图纸"与真实的图样相对应。图纸空间是设置、管理视图的 AutoCAD 环境。在图纸空间中，可以在不同方位显示视图，并按合适的比例在图样上表示出来；还可以定义图纸的大小，生成图框和标题栏。模型空间中的三维实体在图样中是用二维平面上的投影来表示的，因此图纸空间是一个二维环境。

模型建立好以后，即可进入图纸空间，规划视图的位置与大小；也就是将在模型空间中不同视角下产生的视图，或具有不同比例因子的视图在一张图样上表现出来。一般在图纸空间的工作包括以下内容。

（1）进入图纸空间。

（2）设置图纸大小。

（3）生成图框和标题栏。

（4）建立多个图纸空间视口，以使模型空间的视图通过图纸空间显示出来。

（5）设定模型空间视口与图纸之间的比例关系。

（6）进行视图的调整、定位和注释。

三、布局的概念

布局是为了对图形实体进行输出而对模型空间的图形进行的组织和布置。一个布局就是一张图纸，并提供预置的打印设置。在布局中，可以创建和定位视口，并生成图框、标题栏等。

在 AutoCAD 中，可以创建多个视口来显示不同的视图，而且每个视图可以有不同的缩放比例、冻结指定的图层。利用布局，我们可以在图纸空间方便、快捷地布置视图，视图中的图形就是打印时所见到的图形，从而真正实现了"所见即所得"。

在一个图形文件中，模型空间只有一个，而布局可以建立多个。默认情况下，新图形最开始有两个命名布局，即布局 1 和布局 2。如果使用图形样板或打开现有图形，图形中的布局可能以不同名称命名。因此我们可以用多张图纸多侧面地反映同一实体或图形。

在 AutoCAD 2012 中，有 5 种方式创建布局：

（1）使用"插入"→"布局"→"新建布局"命令创建一个新布局。

（2）使用"插入"→"布局"→"来自样板的布局（T）..."命令插入基于现有布局样板的新布局。

（3）使用"插入"→"布局"→"创建布局向导"命令创建一个新布局。如图 7-3 为"创建布局"向导对话框。

（4）右击"布局"标签，出现如图 7-4 所示快捷菜单，单击其中的"页面设置管理器（G）..."系统会弹出"页面设置管理器"对话框，如图 7-5 所示。通过这个对话框，我们可以创建一个新布局。

（5）通过设计中心，从图形文件或样板文件中把建好的布局拖入当前图形文件中。

注意：可以在图形中创建多个布局，每个布局都可以包含不同的页面设置。但是，为了避免在转换和发布图形时出现混淆，通常建议每个图形只创建一个命名布局。

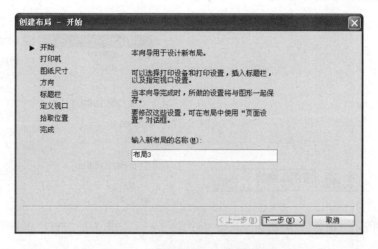

图 7-3 "创建布局"向导对话框

图 7-4 "布局"快捷菜单

图 7-5 "页面设置管理器"对话框

四、建立多个视口

利用"布局"创建的布局往往是单一视口或相同大小的视口阵列。而实际工作中常常要根据需要增加新的视口，以反映模型空间中不同方位的视图。使用"视口（VPORTS）"命令可以为布局创建多个视口。

该命令的激活方式如下：

（1）打开"视口"工具栏，如图 7-6 所示，单击其中的相关选项。

（2）从"视图"下拉菜单中选择"视口"级联子菜单中的相关选项，如图 7-7 所示。

（3）输入命令"VPORTS"（或-VPORTS）。

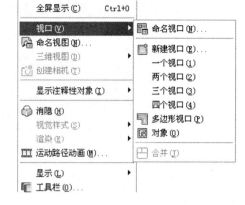

图 7-6 "视口"工具栏 图 7-7 "视口"级联子菜单

 任务实施

步骤一 在模型空间中，打开任务 6.4 所绘制的轴承座的三维实体模型。

步骤二 建立新的图层并命名为"视口边框"，将"视口边框"层设置为当前层。

步骤三 单击"布局 1"标签，进入图纸空间。

步骤四 用删除命令将原来自动建立的视口删除。

步骤五 单击"视口"工具栏的"单个视口"按钮，系统提示如下。

命令：_-vports

指定视口的角点或[开（ON）/关（OFF）/布满（F）/消隐出图（H）/锁定（L）/对象（O）/多边形（P）/恢复（R）/2/3/4]<布满>：（在图纸上拾取一点）

指定对角点：（再拾取对角点，以确定浮动视口的大小和位置）

正在重生成模型。

操作结果如图 7-8 所示。

步骤六 重复步骤五，可以创建第二个"视口"，结果如图 7-9 所示。如此创建第三个"视口"，结果如图 7-10 所示。

图 7-8 步骤五

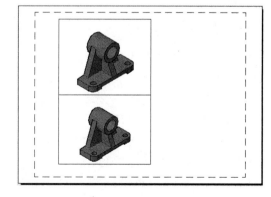

图 7-9 步骤六（一）

步骤七 单击"绘图"工具栏中的"圆"按钮，在图纸上绘制一个圆，如图 7-11 所示。

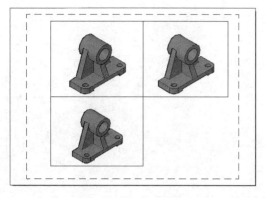

图 7-10 步骤六（二）

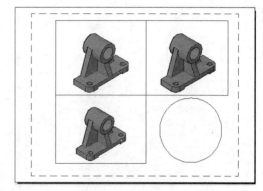

图 7-11 步骤七

步骤八 双击新建的第一个视口，使它成为当前浮动视口，这时模型空间的坐标系图标出现在该视口的左下角，表明进入了模型空间。

步骤九 单击下拉菜单 视图→三维视图→前视，将新建的第一个视口改为主视图。从"视口"工具栏的下拉列表中选择浮动视口与模型空间图形的比例关系为 1:1。在"视觉样式"工具栏中选择"二维线框"命令，最后的结果如图 7-12 所示。

步骤十 重复步骤九，将新建的第二个视口改为俯视图，结果如图 7-13 所示；将新建的第三个视口改为左视图，结果如图 7-14 所示。

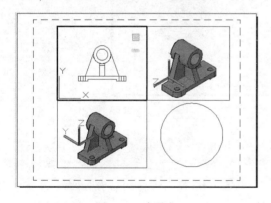

图 7-12 步骤九

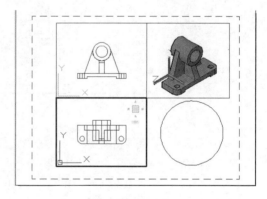

图 7-13 步骤十（一）

步骤十一 单击"视口"工具栏中的"将对象转换为视口"按钮，将一个封闭的图形对象转换为一个视口，单击圆，将圆转换为视口，双击圆形的视口，使它成为当前浮动视口，以西南等轴测作为观测方向。然后，确定浮动视口与模型空间图形的比例关系为 1:1。结果如图 7-15 所示。

步骤十二 双击图纸空白处，回到图纸空间，在绘图窗口的左下角出现图纸空间图标，并将步骤二所建立的"视口边框"图层设置为不可见，结果如图 7-16 所示。

AutoCAD 将"视口"也作为图形对象来对待，因此和其他图形对象一样，在图纸空间可以进行移动、拉伸、复制、删除等编辑操作。

调整图纸空间的视口，双击图纸空白处，回到图纸空间。拾取视口边框，利用夹点编辑中的"拉伸"、"移动"功能将视口边框拉伸、压缩或移动。改变各个视口的大小和位置时，视口内的图形不受影响；视口可以相互邻接，也可以分开，甚至重叠。

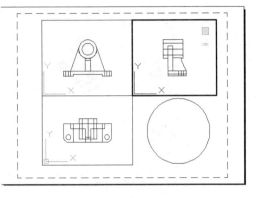

图 7-14 步骤十（二）

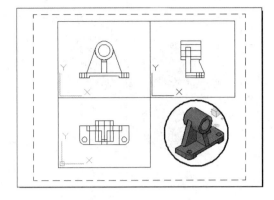

图 7-15 步骤十一

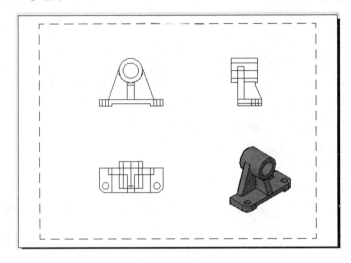

图 7-16 步骤十二

在浮动视口内编辑修改图形，双击某个视口，可以由图纸空间切换到模型空间。这时，我们可以在浮动视口内编辑、修改模型空间的图形，同时各浮动视口内的图形也将有所反应。通过"平移"命令，可以调整显示部位。双击浮动视口外布局内的任何位置，又可由模型空间切换回图纸空间。

任务 7.2 图纸布局

任务引入

根据要求在 AutoCAD 中创建两个打印布局，如图 7-17 所示，分别为布局"1-A4"、布局"2-A3"。在图纸空间绘制边框线和标题栏，边框线到四边的距离为 10，标题栏尺寸见图 1-31，并另存为"A4、A3 打印样板图.dwt"。

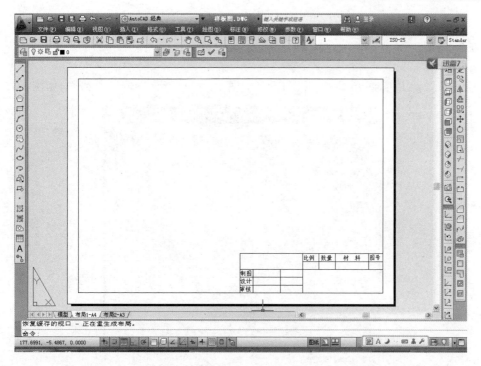

图 7-17 创建 A4、A3 打印样板图

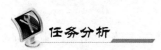

布局代表打印的页面，布局提供了一个称为图纸空间的区域。在图纸空间中，可以放置与图形无关的图框、标题栏、文字注释等内容，创建用于显示视图的布局视口、标注图形以及添加注释。当多次打印相同布局或为多个布局指定输出选项时，可以使用命名页面设置。我们通过设置打印样板图可以减少重复劳动，为以后的打印工作提供一个快捷的样板。

页面设置是打印设备和其他影响图样最终输出外观和格式的设置集合，用户可以修改这些设置并将这些设置应用到其他布局中去。打印图形前，必须指定用于确定输出外观和格式的设置。为了节省时间，可以将这些设置与图形一起存储为命名的页面设置。例如，当用户第一次访问布局时，显示一个布局视口，虚线表示当前配置了图纸尺寸和打印机或绘图仪的图纸中的可打印区域。

修改"页面设置"有以下几种方式。

单击"绘图"菜单 文件 → 页面设置管理器。

输入命令"Pagesetup"。

步骤一 激活 Pagesetup 命令，绘图窗口出现"页面设置管理器"对话框，如图 7-18 所示。

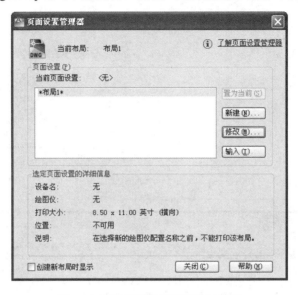

图 7-18 "页面设置管理器"对话框

步骤二 单击"修改（M）..."按钮，绘图窗口出现"页面设置-布局 1"对话框，用户可以根据实际配置选择合适的打印机或绘图仪，在"图纸尺寸"下拉列表中选择"A4"，在"比例"下拉列表中栏选择"1∶1"，其他各项设置如图 7-19 所示。

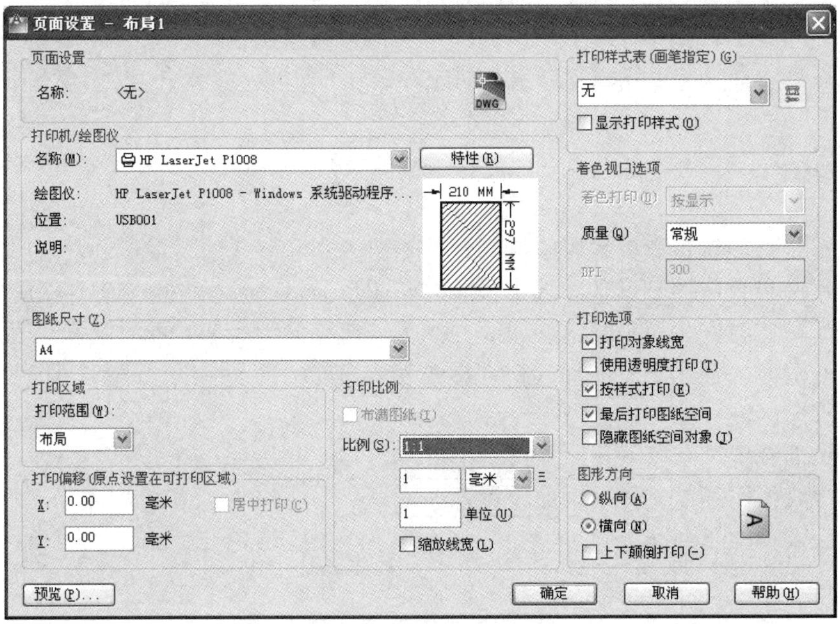

图 7-19 修改页面设置

步骤三 单击"页面设置-布局 1"对话框中的"特性（R）"按钮，绘图窗口弹出"绘图仪配置编辑器"对话框，如图 7-20 所示。

图 7-20 "绘图仪配置编辑器"对话框

步骤四 单击"设备和文档设置"选项卡中的"修改标准图纸尺寸（可打印区域）"，在对话框下方出现"修改标准图纸尺寸"修改栏，在其中选择"A4"，再单击右边的"修改（M）…"按钮，弹出"自定义图纸尺寸-可打印区域"对话框，如图 7-21 所示。将其中"上"、"下"、"左"、"右"的边界都设置为"0"。单击"下一步（M）"按钮，设置文件名完成。

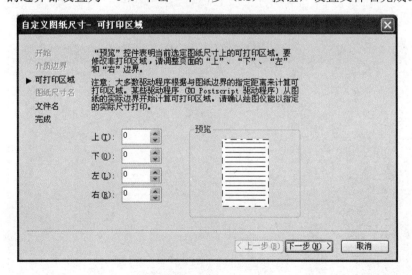

图 7-21 "自定义图纸尺寸-可打印区域"对话框

步骤五 单击"确定"按钮相继退出前面的各对话框，进入"布局 1"，在 0 层绘制一个矩形，左下角的坐标为"10，10"，右上角的坐标为"287，200"，用夹点编辑将"视口"的范围调整为和新绘制的矩形相一致，如图 7-22 所示。

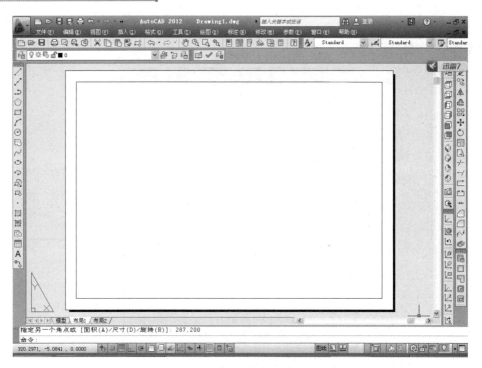

图 7-22　绘制边框线及调整视口

步骤六　在边框线的右下角根据标准绘制标题栏，如图 7-17 所示。

步骤七　重复上述操作，将"布局 2"的打印图纸尺寸设置成"A3"，并根据标准绘制边框线和标题栏。

步骤八　将"布局 1"重命名为"布局 1-A4"，将"布局 2"重命名为"布局 2-A3"。

步骤九　将文件存盘，另存为"A4、A3 打印样板图.dwt"，如图 7-23 所示。

图 7-23　另存为"A4、A3 打印样板图.dwt"

任务 7.3 图纸的打印输出

根据要求，用 A4 图纸在 AutoCAD 中打印如图 7-24 所示图样。

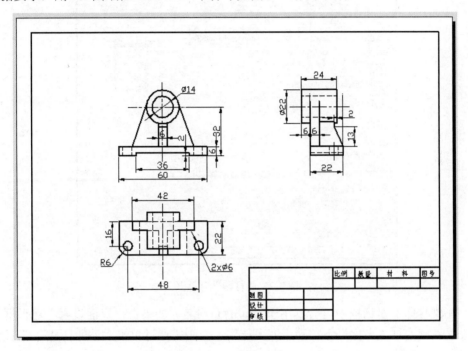

图 7-24 打印的图样

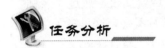

绘制的图样最后要通过"打印"输出，要在图纸上打印出合适的图形，需要进行打印设置，通过打印样板图，在图纸模型空间中调整好要打印的图样，即可方便快捷地打印输出。

将图纸布局中的视图调整、编辑好后，就可以使用"打印（PLOT）"命令打印输出了。

1. 命令格式

✎单击"标准"工具栏的 🖶 按钮。

✎单击"绘图"菜单 文件 → 打印。

⌨输入命令"Plot"。

2．使用说明

（1）在激活 PLOT 命令之后，绘图窗口出现"打印"对话框，如图 7-25 所示。

图 7-25 "打印"对话框

（2）在"打印"对话框中可看到用于打印的布局名。如果在"页面设置"对话框中定义过页面设置，则通过"名称"下拉列表即可选用，否则需通过单击"添加（.）…"按钮进行打印输出页面的设置。

（3）在"打印机/绘图仪"选项组中，可以选择要使用的打印机或绘图仪，通过"名称"下拉列表即可选用打印机或绘图仪。它与"页面设置"对话框中的选项类似，这里多了个"打印到文件"复选框，若要将图形输出到文件，则应勾选该复选框。单击"特性（R）…"按钮，会弹出"绘图仪配置编辑器"对话框，可以进行设备和文档设置，如修改标准图纸尺寸，即修改可打印区域。具体操作为：选择"用户定义图纸尺寸与校准"下的"修改标准图纸尺寸（可打印区域）"，下方出现"修改标准图纸尺寸"修改栏，在下拉列表框中选择"A4"，再单击右面的"修改（M）…"按钮，弹出"自定义图纸尺寸-可打印区域"对话框，修改"上"、"下"、"左"、"右"四个方向的尺寸。

（4）在"图纸尺寸"下拉列表中确认图纸尺寸。"打印份数"下拉列表可设置图纸的打印份数。

（5）在"打印范围"下拉列表中选择要打印的区域。默认为"布局"（当"布局"标签激活时），或可以选择"窗口"、"范围"、"显示"。

（6）在"打印比例"选项组中选择标准缩放比例，或者输入自定义值。

注意：这里的"比例"是打印布局时的输出比例，通常选择"1：1"，即按布局的实际尺寸打印输出。

（7）通常，线宽用于指定打印对象线的宽度并按线的宽度进行打印，而与打印比例无关。若要按打印比例缩放线宽，则需勾选"缩放线宽"。打印比例一般为 1:1，如果要缩小为原尺寸的一半，则打印比例为 1:2，线宽也随之缩放。

（8）在"打印偏移"选项组内输入"X"和"Y"的偏移量，以确定打印区域相对于图纸左下角的偏移距离。若勾选了"居中打印"，则 AutoCAD 可以自动计算偏移值并将图形居中打印。

（9）单击"预览（P）..."按钮，即可按图纸中将要打印出来的样式显示图形。

（10）单击"确定"按钮，即可从指定设备输出图样。

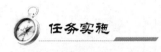

要画好平面几何图形，仅仅用前面的绘图命令还不够，下面我们就对任务 7.2 中的图纸进行具体的打印。

步骤一 打开任务 7.2 所保存的"A4、A3 打印样板图.dwg"文件，通过 Windows 的剪贴板将任务 3.3 所绘制的轴承座的图形复制到模型空间中，如图 7-26 所示。

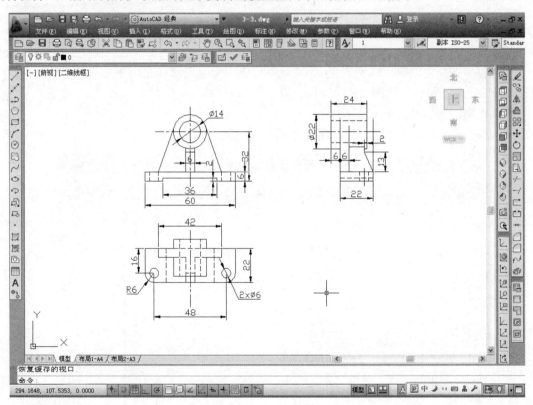

图 7-26 步骤一

步骤二 单击"布局 1-A4"，进入图纸模型空间，如图 7-27 所示。

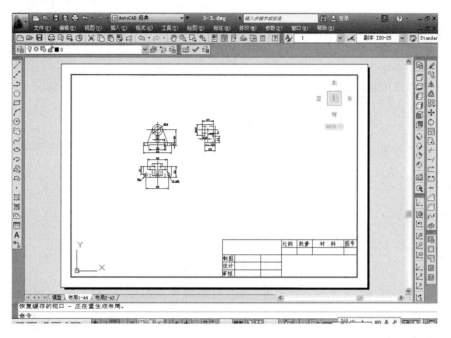

图 7-27　步骤二

步骤三　命令：_zoom。

指定窗口的角点，输入比例因子（nX 或 nXP），或者[全部（A）/中心（C）/动态（D）/范围（E）/上一个（P）/比例（S）/窗口（W）/对象（O）]<实时>：_s

输入比例因子（nX 或 nXP）：1xp

用平移命令将图形移到合适的位置，如图 7-28 所示。

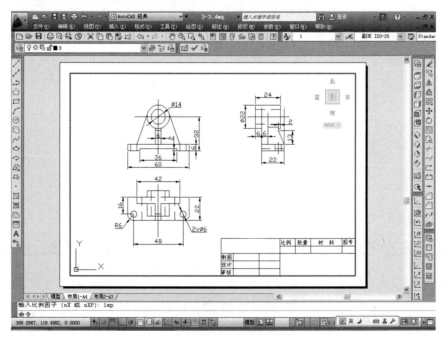

图 7-28　步骤三

步骤四　修改"线型管理器"对话框中的"全局比例因子"为"0.5"，结果如图 7-29 所示。

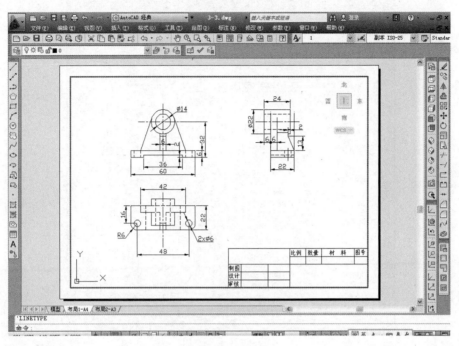

图 7-29　步骤四

步骤五　双击图纸空白处，回到图纸空间，单击"线宽"按钮，如图 7-30 所示。

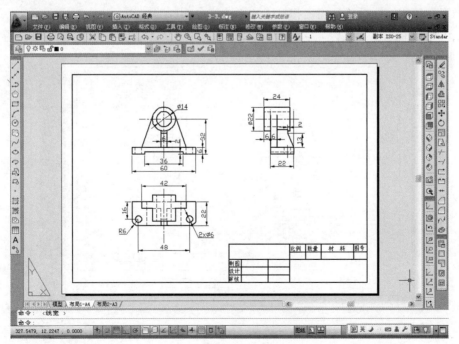

图 7-30　步骤五

步骤六 单击菜单 文件 → 打印，弹出如图 7-31 所示的"打印"对话框，

图 7-31 步骤六

步骤七 单击"预览（P）…"按钮，可以得到如图 7-32 所示的打印预览图，单击图 7-31 中的"确定"按钮，即可以打印出和打印预览图完全相同的图样。

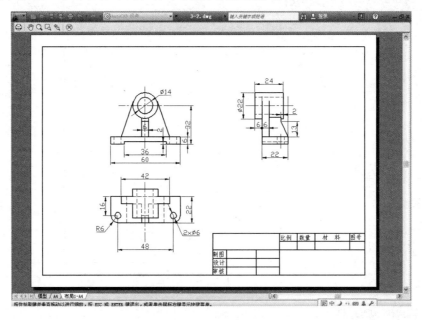

图 7-32 步骤七

参考文献

[1] 李启炎. 计算机绘图[M]. 上海：同济大学出版社，2008.

[2] 范梅梅. AutoCAD 基础与应用[M]. 北京：高等教育出版社，2009.

[3] 徐秀娟. AutoCAD 实用教程[M]. 北京：北京理工大学出版社，2010.

[4] 国家职业技能鉴定专家委员会计算机专业委员会. AutoCAD 2007 试题汇编[M]. 北京：科学出版社，2010

[5] 钱可强. 机械制图[M]. 北京：高等教育出版社，2011.

[6] 钱可强. 机械制图[M]. 北京：机械工业出版社，2011.

[7] 蒋克勤. 机械制图与 AUTOCAD[M]. 北京：清华大学出版社，2015.